[redacted]

[redacted]

EL MUNDO DE MAX
La ciencia para todos

VOCES / ENSAYO

COLECCIÓN VOCES / ENSAYO
Director: Francisco Javier Jiménez Rubio

Nuestro fondo editorial en www.ppespuma.com

Primera edición: febrero de 2008

ISBN: 978-84-83932-000-7
Depósito legal: M-48988-2007

c/Madera 3, 1° izq. 28004 Madrid
Tel.: 915 227 251 Fax: 915 224 948
E-mail: ppespuma@arrakis.es

Fotomecánica: FCM
Impresión: Omagraf
Encuadernación: Seis, S. A.

Impreso en España, CEE. Printed in Spain.

JAVIER FERNÁNDEZ PANADERO

EL MUNDO DE MAX
La ciencia para todos

Ilustraciones de Olga Rienda Sevilla

PÁGINAS DE ESPUMA

ÍNDICE

A Mª Cruz por la Belleza que compartimos.
A todos aquellos que alguna vez me enseñaron.
A todos aquellos que alguna vez aprendieron algo a través de mí.
A Dios, detrás de todo lo bueno.

¿QUÉ ES LA CIENCIA? ¿Cómo suceden las cosas que veo a mi alrededor? ¿Puedo yo comprobar esas leyes científicas con objetos y sustancias que tengo en casa?

Este libro está escrito para ti, curioso de cualquier edad. Si estás cansado de tener que creerte lo que te dicen, sin poder comprobarlo. Si quieres comprender las leyes de la Naturaleza, creo que te gustará.

¿Cuántas veces nos han fascinado los trucos de los magos, las cosas increíbles que hemos visto suceder ante nuestros ojos? Sin embargo, en el fondo sabemos que es *ilusionismo*, que esos fenómenos no ocurren en realidad.

¿Quieres hacer *magia* de verdad? ¿Quieres ver cómo la materia y la energía siguen tus órdenes? ¿Quieres hacer que la luz haga curvas? ¿Quieres controlar la electricidad o las reacciones químicas?

Ven con nosotros, haz ciencia y harás magia.

¿Cómo es este libro?

Hay dos tipos de capítulos que se van alternando.

Los primeros nos cuentan un día en la vida de Max, un curioso muchacho. Max no sólo ve el mundo, lo observa y se hace preguntas sobre él. Probablemente también te haga reír un poco, porque el chico es un tanto extraño... bueno, tú mismo lo verás.

A lo largo de distintos episodios vivirás con él sus pequeñas aventuras, en las que aprenderemos cómo funciona el Universo... al menos en parte.

Después de cada capítulo encontrarás una sección con experimentos y nuevos aspectos de los fenómenos que hemos visto con Max. Todas esas páginas tienen un distintivo, ⚛, para que puedas reconocerlas fácilmente.

¿Cómo leerlo?

Este libro puede leerse de muchas maneras, explóralas y busca la que más te guste.

① Episodio + Experimento.

Sería leerlo tal y como está ordenado el libro. Lee un episodio y seguidamente realiza la parte experimental correspondiente. Así conseguirás más profundidad en la comprensión de los fenómenos de los que se habla. Es la que recomendamos para la primera vez que nos leas.

② EpisodioS + ExperimentoS.

Como ya te dijimos, los episodios forman un día en la vida de Max. Si quieres puedes leerlos seguidos y vivir con él sus aventuras. También puedes leer las secciones experimentales seguidas.

③ En cualquier orden o según tu interés en los distintos temas.

Tanto los episodios como las secciones experimentales son unidades con cierta independencia entre sí. Aunque forman parte de un todo, pueden leerse o realizarse (respectivamente) por separado. Así, si estás interesado en un tema en particular o buscas experimentos sobre ciertas leyes, podrás dedicarte a esas partes separadamente.

Una vez que hayas leído el libro como más te haya apetecido, puede resultar interesante leer seguida la historia de Max, y poder disfrutarla ya con los conceptos bien comprendidos, divirtiéndote con su forma de ver la vida.

Puede que en el futuro también te apetezca repetir algunos de los experimentos que hayas visto, o volver sobre algunos de las ideas de las que hablamos. Para eso dispones de los índices al final del libro en los que encontrarás: temas tratados por cada episodio, listado completo de experimentos, etc.

¿Cómo son las secciones experimentales?

Es donde nosotros tomamos el mando.

Vamos a revivir las experiencias de nuestro amigo Max, pero iremos más allá. Haremos nuevos experimentos y exploraremos las implicaciones científicas, desmenuzando el fenómeno.

Aunque puedes hacerlos en el orden que quieras, o bien uno detrás de otro, quizá la forma más divertida sea leer cada sección experimental después del episodio correspondiente del día de Max, e incluso volver a leer el episodio a la luz de lo que has aprendido. Pero como ya te dijimos, tienes toda la libertad para navegar por el libro como más te apetezca...

La mayor parte de ellos podrás realizarlos con objetos o sustancias que tienes en casa, para otros tendrás que hacerte con algún elemento sencillo como una pila o una pequeña bombilla. En cualquier caso, todo fácil de conseguir en las tiendas de tu barrio.

Verás que la materia y la energía responden a tus órdenes como si fueras un mago, la diferencia es que lo tuyo no será «ilusionismo», ¡ocurrirá de verdad! En realidad, lo que para otros serán milagros, para ti será la aplicación de las leyes de la Naturaleza que ahora conoces.

Agradecimientos

Este libro habla de la aventura de aprender y enseñar, de los compañeros de camino y de los más adelantados, de los que nos ayudan y de los que ayudamos.

Vayan mi agradecimiento y mi dedicatoria a los que comparten mi camino, a todos los que me ayudaron y me ayudan, siempre serán recordados y están vivos dentro de los que aprendimos de ellos. Son innumerables los regalos que me dieron al compartir conmigo sus ideas y conocimientos.

También me gustaría dedicarlo a todos aquellos que hayan aprendido algo a través mío: mis alumnos, mis lectores y aquellos que hayan cruzado su camino conmigo.

Gracias a Mª Cruz por tantas cosas buenas, su ayuda y... por bautizar a Max.

Gracias a los muchos que ayudaron a traer al mundo a este libro, especialmente a mis editores.

Y a los otros, probablemente millares, que compartieron todo este conocimiento conmigo, mis padres, mis hermanos, mi hermana Mari, familiares, profesores, alumnos, amigos, compañeros, los autores de los libros que leí, las páginas web que consulté... También vaya mi agradecimiento para ellos.

Y... Gracias a Dios detrás de todo lo bueno.

... ¡Vamos allá!

Creo que ya no puedes decir que no sabes dónde te metes, ¿te atreves a pasar la hoja?

Date prisa, Max se acaba de despertar...

… y Max amaneció al día que sería el más importante de su vida, aunque él mismo no lo supiera aún.

Sus tatarabuelos, sus abuelos, sus padres… los cimientos de su casa, el suelo, el techo, la pintura de las paredes… el aire que respiraba o la manzana que se comió ayer… todos los átomos del Universo se habían puesto de acuerdo para estar hoy precisamente donde estaban, para configurar el día que iba a vivir Max.

Max era un buscador. Uno de aquellos que nunca está satisfecho con las explicaciones superficiales que a otros les valen, uno de aquellos que mira siempre un poco más allá, uno de aquellos que martirizan a los demás con interminables preguntas que empiezan por «y si…».

«¡Soy un buscador! –se dijo a sí mismo–. Incansable al desaliento, no me bastan las explicaciones superficiales que a otros les… ¡me cachis!» Hablaba entre dientes mientras buscaba, entre las sábanas y a oscuras, el calcetín que había abandonado la compañía de su pie durante la noche. Max era un intrépido explorador curtido en mil aventuras… en mil aventuras, como esta.

RELÁMPAGOS EN LA CAMA

Mientras buscaba su calcetín debajo de las sábanas, un fogonazo y un chasquido sobresaltaron a Max.

Primero se quedó inmóvil, volvió a moverse y, de nuevo, un fogonazo y un chasquido. Esta vez sí que estaba atento y vio la chispa que había saltado entre los pliegues de su pijama de fibra.

–¡Guau! ¡Había algo maligno en este pijama, lo sabía!... Estos dibujos no eran normales.

–Levantaos ya –dijo la madre de Max, cariñosamente (vaya, lo más cariñosamente que puede decirse esa frase a esas horas de la mañana).

Max compartía el dormitorio con su hermano Andrés, dos años mayor que él. Aunque se querían mucho y aunque Max aprendía innumerables cosas de él, les gustaba «chincharse» a la menor ocasión, buscarse las cosquillas. Pero nadie hubiera osado meterse con ninguno de los dos estando el otro presente, se habrían defendido hasta con los dientes, ya que... bueno creo que sobran más explicaciones, ya dije que Max y Andrés eran *hermanos*.

–¡Mamá! –dijo Max–. ¡Mete la cabeza aquí debajo! Ya verás que alucine...

–¡El testamento primero...! –gritó Andrés–. ¡No sin hacer testamento primero!

–Anda que no tenéis ganas de juerga con la hora que es... En diez minutos os quiero ver desayunando y en la ducha.

Nuestro amigo, sin embargo, volvió a meter la cabeza bajo las sábanas una vez más.

–Hmmm... electricidad estática –decía, mientras seguía frotando y sacando chispas de su pijama sintético–. Había hecho lo de frotar un boli, pero esto se lleva la palma.

Antes de ir a desayunar, Max fue al cuarto de baño. Estaba ocupado intentando no fallar su objetivo cuando de repente... un clic y todo quedó a oscuras. De fondo se oye una risa...

–¡Andrés! ¡Estate quieto! –dijo.

Y Andrés corrió hacia la cocina en pos del prometido desayuno. Con fastidio, Max se subió el pijama, pero un nuevo fogonazo acompañado de una chispa y un chasquido lo paró a medio camino.

–Así que es cierto... –pensó–. La materia está formada por cargas, unas positivas y otras negativas y, aunque en estado normal están compensadas porque hay el mismo número de unas que de otras, podemos alterar este equilibrio por ejemplo así...

Y siguió frotando y sacando chispas durante un rato más en aquella oscuridad del baño, hasta que la voz de su madre fue más fuerte que los chasquidos eléctricos.

–Max, no puedo sujetar más a tu hermano... o vienes o te quedas sin tu desayuno...

Experimento:
Electricidad estática. ¿Estamos hechos de cargas?

Electricidad estática. ¿Estamos hechos de cargas?

Seguro que ya has tenido alguna experiencia con la electricidad estática. Vamos a ver por qué sucede esto.

La materia en su estado normal no tiene carga eléctrica... bueno, en realidad esto no es exacto. Deberíamos decir que su carga eléctrica neta es cero. ¿Te parece lo mismo? Mira este ejemplo: Tenemos dos personas, la persona A no tiene dinero ni deudas, su patrimonio neto es cero. En cambio la persona B tiene 100 euros en billetes, pero tiene deudas también por valor de 100 euros, de nuevo su patrimonio neto es cero. En los dos casos tenemos un valor neto cero, pero son completamente diferentes. Volviendo a la materia, es cierto que su carga neta en estado normal es cero, pero esto es porque está compuesta por el mismo número de cargas (positivas y negativas). También existen unas partículas de carga neutra y masa parecida a los protones llamadas neutrones.

Las partículas negativas y positivas son bien diferentes: las partículas positivas (los protones) son unas 1.800 veces más pesadas que las partículas negativas (los electrones). Por medio de complicados experimentos se ha visto que los protones junto con los neutrones se agrupan en un espacio muy pequeño que llamamos núcleo. Los diminutos electrones entonces, atraídos por la carga positiva de los protones, dan vueltas a enorme velocidad alrededor de este núcleo de protones y neutrones. A este festival de partículas lo llamamos átomo. En un átomo en estado normal hay el mismo número de protones y electrones, dependiendo de cuál sea ese número, tendremos un átomo diferente, que corresponderá a una sustancia distinta.

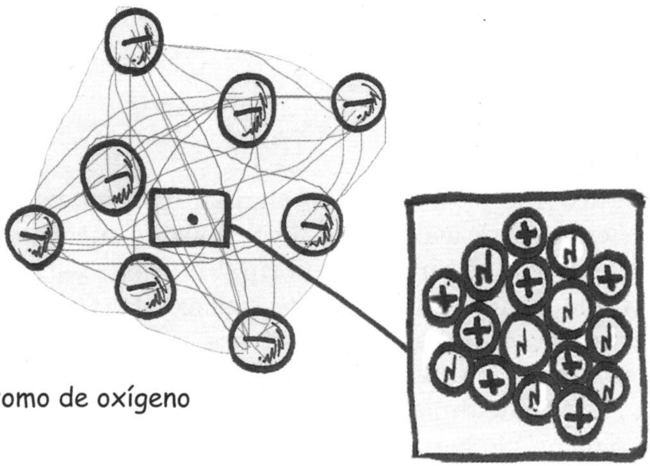
átomo de oxígeno

Por ejemplo, si tenemos ocho protones y ocho electrones será oxígeno, pero si tenemos 80 protones y 80 electrones será mercurio. No nos ocuparemos ahora de esto, pero aprovecho para contaros que el número de neutrones es muy parecido al de protones y electrones en átomos ligeros y mayor en los átomos pesados.

Debido a esta configuración, es muy difícil arrancar o añadir protones a un átomo (aunque ocurre en las extraordinariamente energéticas reacciones nucleares). Lo que no resulta tan difícil es quitar o añadir alguno de los pequeñines electrones que orbitan alrededor del núcleo. Hay sustancias que ceden electrones con facilidad, otras que los captan con facilidad y otras que no tienen tendencia a una cosa ni otra, que se encuentran «a gusto» (estables) tal como están.

En otra sección hablaremos de cómo este intercambio de electrones es la base de las reacciones químicas, pero aquí lo haremos a lo bruto... Vamos a arrancar los electrones «por las malas».

Resulta que simplemente al frotar determinadas sustancias entre sí conseguimos separar algunos electrones haciendo que pasen de uno de los objetos al otro. El objeto que ha ganado electrones ahora tiene un exceso de cargas negativas, por lo que quedará cargado negativamente. Por el contrario el objeto que ha perdido electrones ahora tiene más cargas positivas que negativas, por lo tanto estará cargado positivamente. Si esto último te suena raro, piensa en que si te «quitan» deudas, tu patrimonio se hace más «positivo».

Experimento ①

Lo primero que puedes hacer, si tienes un pijama sintético, es repetir la experiencia de Max. Ponte el pijama, métete bajo las sábanas para que puedas ver los fogonazos, frota el pijama contra tus brazos o piernas y verás. Si miras entre el pijama y tu piel puede que incluso veas los arcos eléctricos (las chispas). Localizar algún pijama «maligno» es fácil, es justo aquel que cuando te lo pones se te pega a la piel, aunque esté limpio y seco.

Si no dispones de pijamas «malvados», un buen generador de chispas son los globos hinchados. Frótalos contra tu pelo, quédate a oscuras, acerca el globo a un objeto metálico, como un clip, y verás como cuando ya casi se están tocando, surgen pequeños arcos eléctricos.

Experimento ②

Los plásticos, en general, son bastante buenos para estos propósitos, con un bolígrafo es bastante fácil generar la suficiente electricidad estática como para levantar «pegados» pequeños trocitos de papel (del tamaño de la mitad de una uña).

Frota el cuerpo del boli (no la punta) contra la ropa, o más fácil contra el pelo de tu cabeza. Si ahora lo pones en contacto con los papelitos, verás que algunos se quedan «pegados» y que puedes levantar el boli y llevártelos contigo.

Lo que ha ocurrido es que la carga en exceso que adquirió el bolígrafo induce un desplazamiento de las cargas en los papeles. Rechaza la carga del mismo signo y atrae a la de signo contrario. El papel sigue teniendo carga neutra en total, pero ahora presenta un exceso de carga de un signo cerca del boli y un exceso de carga del signo contrario en el otro lado. De esta forma el boli y un lado del papel al tener cargas de signos contrarios se atraen.

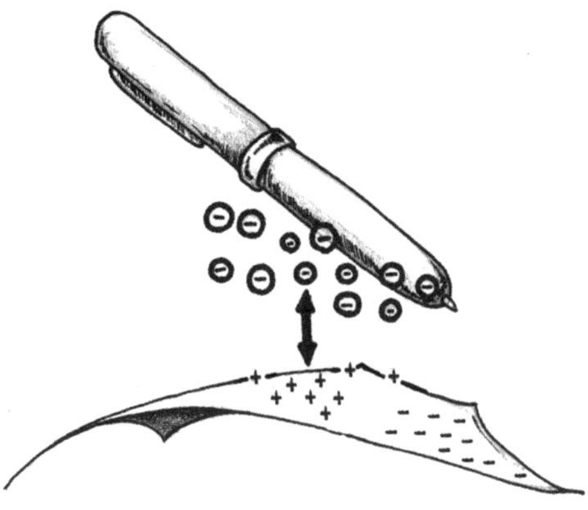

De acuerdo, de acuerdo... este experimento es sencillito, ya lo habías hecho, ya lo conocías... ¡Vale, vale!

Pero un segundito... ¿Conocías todo eso de la carga inducida? ¿Y eso otro de que solamente las cargas negativas se desplazan?

Hacer experimentos complejísimos, con máquinas enormes llenas de lucecitas y con resultados muy llamativos no sirven para nada si no consigues familiarizarte con lo que está sucediendo, si no te valen para comprender realmente el fenómeno. Serían solamente fuegos artificiales y luces de colores.

De todas formas no hace falta ser aburridos, tienes razón.

Experimento ③

Hagamos otro experimento más llamativo, pero que obedece a las mismas leyes que el del boli y los papeles. Hincha un globo y frótalo, ya lo has cargado de estática.

Ahora abre un grifo y deja un chorro muy fino. Acerca el globo y verás que el chorro se desvía hacia el globo: las moléculas de agua tienen una parte positiva y otra negativa, se han orientado hacia el globo y ambos se atraen.

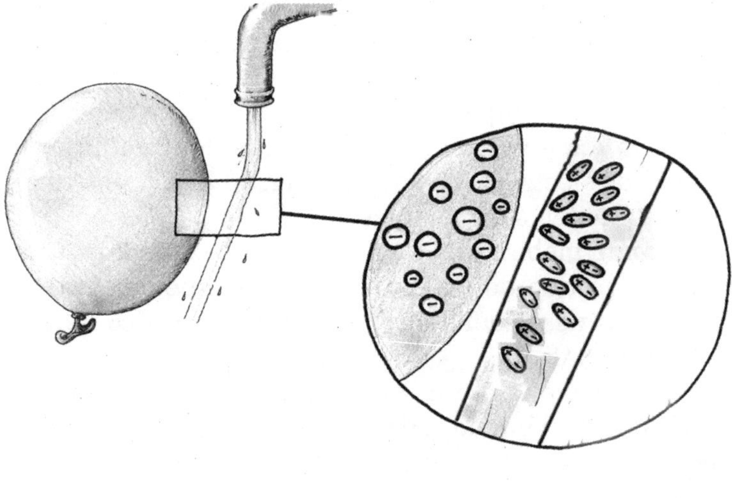

Experimento ④

Vamos a decorar la casa...

Hincha un globo y frótalo contra tu pelo. Toca ahora tu pelo con el globo y sepáralo despacio, verás como se te pone de punta. Puede incluso que algún pelo que se te haya caído esté pegado al globo.

Frótalo de nuevo y ponlo contra el techo o la pared, si lo sueltas con cuidado se quedará «pegado»... ¡incluso si te has lavado el pelo! Bromas aparte, conseguirás más electricidad estática con el pelo bien limpio y seco... y mejorará tu vida social.

Si lo haces con muchos globos tendrás una bonita decoración de cumpleaños. Con el tiempo o con un poco de aire van cayendo. De todas formas tus invitados (con pelo) podrán volver a colocarlos.

Experimento ⑤

Y ahora, uno realmente sorprendente.

Para esto necesitas usar un fluorescente, una de esas lámparas alargadas que solemos poner en las cocinas. Si lo tienes en casa, puedes quitarlo por un rato; tranquilo no lo vamos a romper... al menos yo no. Esto debe hacerse con la luz apagada y con la ayuda de un adulto. Las descargas eléctricas no son muy agradables... sobre todo porque pueden ser mortales.

Coge un globo o una bolsa de plástico, quédate a oscuras. Apoya uno de los extremos en el suelo y frota con rapidez el cuerpo del fluorescente con el plástico... al poco rato, ¡LUCIRÁ!

Verás destellos en la zona en la que estés frotando, si continúas haciéndolo cada vez conseguirás más luz, aunque seguirá sin verse bien si no estás a oscuras. También funciona sin apoyarlo en el suelo, pero hacerlo ayuda a producir la descarga de electricidad estática.

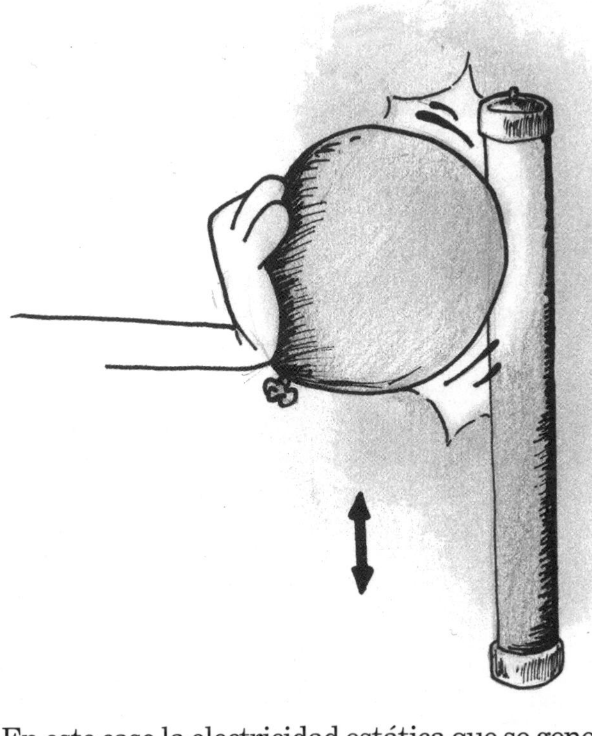

En este caso la electricidad estática que se genera es suficiente para excitar los átomos de mercurio que hay vaporizados en el interior, estos generan luz ultravioleta (invisible) que estimula al fósforo que recubre el tubo por dentro, y el fósforo produce la luz blanca que es la que vemos.

Este experimento es tan curioso de ver que merece la pena que lo hagas, aunque no tengas fluorescente en casa. Si tienes que comprar uno, que sea pequeño (de poca potencia), se encenderá mejor y ahorramos un poco.

PUES NO ES PARA TANTO LA GRAVEDAD

Después de la ducha Max se enfundó su traje de «intrépido explorador urbano»: vaqueros, deportivas, camiseta, un forro polar y, como accesorios tecnológicos, un «mp3», el móvil, la cartera, su llavero (que incluía unos mini-destornilladores y una brújula), y lo que él llamaba cariñosamente su «PDA»; algunos folios doblados acompañados de un boli, que guardaba en el bolsillo trasero de su pantalón. En la «PDA» podían leerse citas de libros, compromisos, fechas de exámenes, teléfonos, cálculos a medio hacer de cosas que ya resultaba difícil adivinar, títulos de libros que quería leer, dibujos... En suma: el perfecto «asistente personal».

Se sentó a la mesa del desayuno donde su hermano daba cuenta de lo suyo, y de lo que iba consiguiendo en «incursiones» a uno y otro plato.

Sus padres tenían una buena «cobertura antiaérea» a base de tenedores y buenos reflejos, y los «uy» y «ay» de Andrés al ser alcanzado se confundían con las noticias matutinas que ponían en la tele.

Las «defensas» del espacio aéreo de Max no eran tan buenas. Como tantas otras veces se había quedado absorto en sus pensamientos... El término que usaba Andrés para este particular estado era «tostao».

«Es curiosa la electricidad esta –pensaba–. La que he armado en un momento con el pijama infernal aquel.»

Miraba el plato sin verlo y daba golpecitos rítmicos en la mesa con el boli que tenía en la mano en vez del tenedor, como acertadamente apuntó su madre.

–Se te va a enfriar, Max.

–No hay que preocuparse... –dijo Andrés, el mejor piloto de tenedor de su portal, en uno de sus picados sobre el plato de Max.

Max cogió la servilleta de papel y empezó a hacer pequeños trocitos en vez de usarla «como es debido» decepcionando a los esperanzados ojos de su madre y confirmando las negaciones de cabeza de su padre que volvía a la lectura del periódico.

Frotando el boli contra la manga del forro polar consiguió la suficiente electricidad estática para levantar «pegados» algunos trocitos de servilleta de la mesa y se quedó mirándolos fijamente.

–Como parece que ya has encontrado otra cosa que comer, no te importará... –Andrés culminó con éxito otra campaña militar en el plato de su hermano.

–... puedo más que la Tierra... –decía Max para sí.

Su padre, su madre y su hermano pararon un momento y se le quedaron mirando cómo sostenía los papelitos «pegados» al boli. Al darse cuenta de la atención, Max explicó.

–Es que es asombroso, todo un planeta atrayendo a este papelito y yo consigo levantarlo sólo con un poco de electricidad estática... realmente o la electricidad es una fuerza muy potente o la gravedad es muy débil...

–Desde luego asombroso... a ver si puedo yo –Andrés se levantó y, alzando con éxito el vaso de zumo de Max, se marchó rápidamente de la cocina mientras se lo iba bebiendo.

–Pues yo puedo más que el boli –la madre de Max con el gesto algo serio le quitó el boli de la mano y lo dejó sobre la encimera, le sirvió otro vaso de zumo y, volviendo a su eterna sonrisa, le frotó la cabeza, se sentó de nuevo y retomó su propio desayuno.

Experimento:
La gravedad y las otras fuerzas

La gravedad y las otras fuerzas

La gravedad suele pasar por una fuerza muy intensa. Vemos como la Tierra nos mantiene a todos atrapados, lo mucho que cuesta enviar cosas al espacio, como el Sol es capaz de «sujetar» no sólo a la Tierra, sino a todo el Sistema Solar con su atracción... En fin, una gran fuerza. Pero Max es capaz de levantar un objeto venciendo la atracción de todo un planeta. Seguro que si lo intentas tú también puedes...

La ciencia ha descubierto en la Naturaleza cuatro interacciones (las llamamos así): la gravedad, el electromagnetismo, la interacción fuerte y la interacción débil.

Al principio se estudiaba por separado la electricidad y el magnetismo, pero con el tiempo hemos comprendido que se trata de una sola interacción que muestra dos aspectos (como suele decirse, dos caras de una misma moneda). Por ejemplo, las ondas de radio, las microondas el infrarrojo, la luz visible, el ultravioleta y otras ondas que te rodean en todo momento, son ondas electromagnéticas, en las que la energía va de un campo a otro (de «electricidad» a «magnetismo»), y sólo se pueden describir adecuadamente mediante este doble aspecto.

Para hablar de la interacción fuerte recordemos lo que hablábamos hace un momento. La materia está compuesta de átomos y los átomos principalmente de tres partículas: protones, neutrones y electrones; positivos, neutros y negativos, respectivamente. Los protones y neutrones se encuentran juntos en un espacio muy pequeño (incluso para un átomo) llamado núcleo y los electrones giran alrededor. Desde el punto de vista de la electricidad esto es un problema, ¿todos esos protones (cargas positivas) juntos? ¿No deberían repelerse con mucha intensidad? La única manera de explicar esto es por la existencia de otra fuerza que se oponga y los mantenga unidos. Efectivamente, así es. Entre protones y neutrones hay una fuerza atractiva muy intensa que actúa sólo a muy cortas distancias y que es capaz de vencer a esa intensa repulsión eléctrica entre protones: es la llamada interacción fuerte. Si quieres hacerte una idea de la energía que involucra esto piensa en lo que ocurre cuando «jugamos» a romper o unir núcleos: la bomba atómica, las centrales nucleares, las reacciones que mantienen al Sol «calentito...»

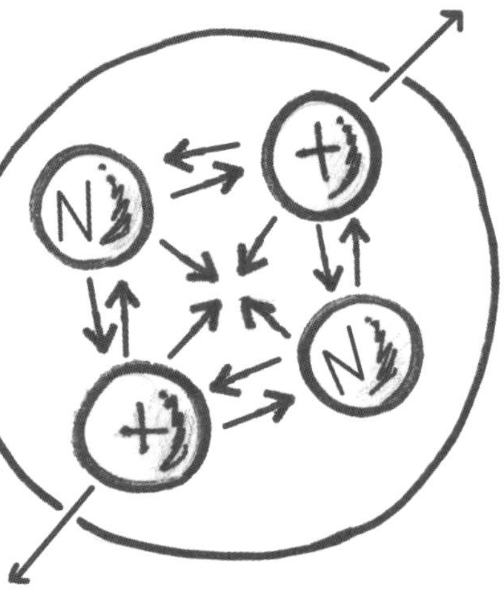

La interacción débil es quizá la menos conocida, se pone de manifiesto en un tipo de radiación que se produce en lo que se conoce como desintegración β (BETA), en la que, en el interior de los núcleos, los protones se transforman en neutrones o viceversa con la emisión de otras partículas, bla, bla... porque en el fondo los protones y los neutrones comparten una naturaleza similar, bla, bla... porque sólo aquellas cosas que comparten una misma naturaleza pueden transformarse la una en la otra, bla, bla... Bueno disculpa, se me va un poco la cabeza... quizá podamos discutir esto en otra ocasión.

A lo que iba: hay varios tipos de fuerzas.

Para cada tipo de fuerza existe lo que se denominan en general «cargas». Diríamos: «la razón» por la que se atraen o repelen. Por ejemplo, en la gravedad las cosas se atraen porque tienen masa, en la electricidad porque tienen cargas eléctricas, etc. También en las otras interacciones existen sus «cargas».

Para cada tipo de interacción también existe una fórmula en la cual, escribiendo las «cargas» de los dos objetos y otras variables que influyen (como la distancia, por ejemplo) conseguimos calcular con cuánta fuerza se atraen o repelen.

Dentro de esa fórmula suele aparecer una constante, un número que no viene de la teoría, sino de medir esa fuerza en distintas condiciones. Es esta constante la que nos da una idea de lo intensa o poco intensa que es esa interacción comparada con las demás. Esto no lo elegimos nosotros, forma parte del Universo que nos ha tocado vivir. En nuestro Universo la gravedad es muy poco intensa y la electricidad es muy intensa, ¡qué le vamos a hacer!

Hay muchas constantes universales: estas de las que acabamos de hablar que aparecen en las interacciones fundamentales, pero también la velocidad de la luz, la constante de Planck, otras de las que quizá nunca hayas oído hablar y, probablemente, otras que aún no conocemos.

Todos estas constantes con sus particulares valores, hacen posible «mágicamente» que exista el Universo tal y como lo conocemos en un equilibrio casi imposible.

Imagina que con una gravedad muy intensa toda la materia tendería a unirse demasiado rápido... con una interacción fuerte que no fuese tan «fuerte» los núcleos atómicos no podrían mantenerse unidos y los átomos no existirían, solamente habría partículas yendo de aquí para allá... Algunos piensan que es mucha casualidad que todo esté tan bien «sintonizado», otros argumentan que sólo se dan los universos «posibles» y que sólo en ellos pueden existir gente como Max o como tú y hacerse estas preguntas.

Experimento ⑥

Quizá uno de los experimentos más sencillos y más reveladores de la poca intensidad de la fuerza gravitatoria consista en... dar un salto. Tan sólo con tus piernecillas acabas de burlarte de un planeta de más de 12.000 km de diámetro, ¡enhorabuena! Da rienda suelta a tu imaginación: tira cosas al aire, separa la tapa del boli y verás como no se vuelven a juntar... Sin bromear mucho más, para que la fuerza gravitatoria sea apreciable hacen falta masas enormes, como estrellas, planetas o por lo menos asteroides.

También puedes emular a Max y vencer la atracción del planeta con imanes, electricidad estática, etc.

Por último, no olvides mirar al cielo. Una concentración de masa como la Tierra es capaz de mantener a la Luna en órbita, a ti pegado al suelo, de evitar que los gases de la atmósfera se vayan al espacio. Otras concentraciones mayores como el Sol se ocupan de todo un sistema planetario que abarca enormes distancias (nosotros mismos estamos a 150 millones de kilómetros del Sol). Por último es importante decirte que la masa (de la que discretamente nos hemos «burlado» un poco…) es capaz incluso de curvar el propio espacio, haciendo que la luz no se mueva en línea recta cuando pasa cerca de una estrella grande o un agujero negro (también muy masivo).

Concluiremos por lo tanto que la gravedad es una fuerza «discreta». Con su baja intensidad no mantiene a las cosas demasiado sujetas y permite el «juego de la materia», pero a gran escala produce un efecto enorme, influyendo incluso en la propia naturaleza del espacio. Como una gran madre que deja jugar a sus hijos, manteniendo el control de la situación a distancia.

EN EL AUTOBÚS, CALOR HUMANO

Y, como cada mañana, Max se subió al autobús, y como cada mañana el autobús estaba repleto.

«No se puede negar que las personas somos animales sociales y que buscamos el contacto físico –pensó–, pero también es cierto que "lo poco gusta y lo mucho cansa".»

Mientras intentaba respirar la parte proporcional de oxígeno que le tocaba, algo ocupaba sus pensamientos...

«Si todo está hecho de átomos, incluso la gente... Si los átomos no son más que cargas negativas que giran alrededor de un núcleo con carga positiva... Si la mayor parte del átomo es espacio vacío... ¿Por qué no pasamos unos a través de otros?...»

La idea le hizo sonreír, toda la gente mezclándose, como si fueran fantasmas...

«También es cierto que los electrones (las cargas negativas) se mueven tan rápidamente que forman como una nube, sería como intentar hacer pasar un palito a través de las aspas de un ventilador en marcha... Aunque... con buenos reflejos...»

Esto era más divertido de imaginar, la gente haciendo «fintas» y «regates» intentando pasar en el momento adecuado, como cuando se intenta «entrar» para saltar «a la comba».

«En cualquier caso como mis átomos están rodeados de una nube de cargas negativas y los de los demás también... y, como las cargas del mismo signo se repelen... al acercarse las dos nubes... ¡Se repelen entre sí!...»

Con la entrada de nuevos pasajeros, el espacio se estrechaba, pero Max seguía inmerso en sus pensamientos.

«Así, que cuando dos materiales se acercan... no pueden pasar uno a través del otro por la repulsión mutua de las nubes de electrones... En realidad... el contacto material... ¡No existe!... lo que sentimos es la fuerza con la que "a distancia" se repelen los electrones de cada uno...»

El autobús dio un frenazo y nuestro amigo, involuntariamente, apoyó su mano sobre otra pasajera. Ella no interpretó igualmente lo involuntario del hecho, y Max, mientras se dolía de la bofetada, consideró si hubiera servido explicarle que, en realidad... ¡era imposible que la hubiese tocado!

Al caballero de enfrente le costaba entender por qué sonreía Max, que seguía frotándose la cara atrapado en la prisión de carne, abrigos y humanidad...

Pensó que sería mejor bajarse ya y dar un paseo antes de que volvieran a «no-empujarle» o a «no-darle otra torta». Aunque esa fuera la realidad microscópica, a escala macroscópica seguía resultando incómoda y dolorosa.

Experimento:
Fuerzas a distancia

Fuerzas a distancia

Estamos tan acostumbrados al «contacto físico», que nos cuesta mucho creer que no existe...

A nuestros ojos (escala macroscópica), la materia es continua, firme. Podemos tocarla, golpearla... a ver quién nos dice lo contrario.

Innumerables experimentos nos han enseñado que la materia está compuesta por partículas que se mueven y, sobre todo, de un montón de... ¡espacio vacío!

Quizá los razonamientos de Max en el autobús te parezcan raros, pero te aseguro que son los mismos resultados que se obtienen en los experimentos de laboratorio. Hay un conocido experimento en el que se prepara una placa muy fina (de pocas capas de átomos de grosor) y se bombardea con partículas positivas, lo que más llamó la atención a los investigadores es que la mayor parte de las partículas atravesaban la placa sin verse afectadas. Solo una pequeña parte resultaba desviada, aquellas que pasaban cerca de los núcleos de los átomos de la placa. Este famoso experimento de Rutherford fue clave para comprender ese «vacío» de la materia.

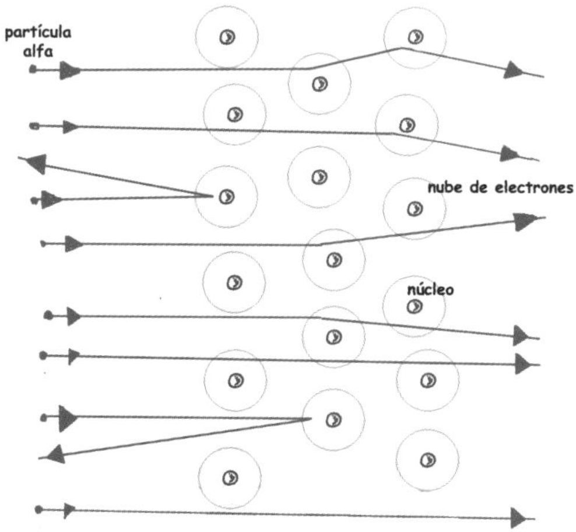

Lo que interpretamos como la resistencia de un objeto sólido que tocamos, es simplemente una fuerza, una repulsión eléctrica.

También parecen muy reales las fuerzas que nos empujan a los lados del coche en las curvas y otras muchas... pero no te dejes engañar.

Experimento ⑦

Creo que la sensación más clara que tenemos de una fuerza invisible es la que nos dan los imanes.

Los imanes tienen dos polos distintos. Los llamamos polo norte y polo sur. Si tienes dos imanes, fíjate, los polos de distinto tipo se atraen y los del mismo tipo se repelen.

Juega con ellos, acércalos por unos polos y otros... siente como empujan o tiran de tus manos aunque están «separados».

Si quieres hacer un montaje bonito puedes probar esto: ata un hilo a un clip metálico, pega el otro extremo del hilo a la mesa con un poco de celo. Ahora acerca el imán al clip, si lo mantienes muy cerca (sin tocarlo) puedes levantar el clip de la mesa y que se quede «volando». Recuerda que la gracia consiste en que el clip y el imán estén muy próximos pero sin tocarse.

Si eres aficionado a las manualidades, puedes hacer un montaje permanente y regalárselo a alguien. Ahí va:

Toma un tarro de cristal vacío (de mermelada o similar).

Haz un pequeño agujero a la tapa.

Mete el clip con el hilo atado dentro del bote y saca el otro extremo del hilo por el agujero de la tapa.

Sujeta el imán en el fondo del bote y dale la vuelta.

Con un poco de tiempo conseguirás ajustar la longitud del hilo para que el clip se quede «volando». Fija entonces el hilo a la tapa.

Por último, decora el conjunto y ya hemos terminado.

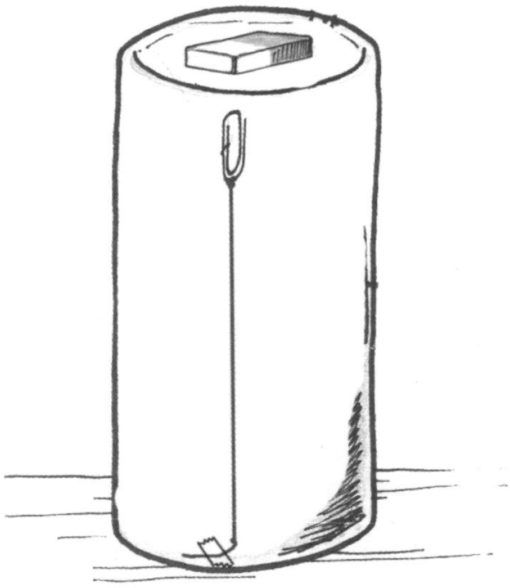

Experimento ⑧

Ya que estamos con imanes, puedes hacer algo más con ellos...

Si juntas dos imanes por donde se atraen verás que ahora el conjunto se comporta como un imán que fuera más grande.

De la misma manera si rompes un imán, verás que no te quedan dos polos sueltos, sino dos imanes con sus dos polos cada uno.

La ciencia de los últimos tiempos no quiere creer en la acción a distancia y nos explica que la fuerza entre dos objetos se produce mediante el intercambio de partículas entre ellos. Esto es igual para cualquiera de las interacciones que conocemos: gravedad, interacción débil, interacción fuerte o electromagnetismo.

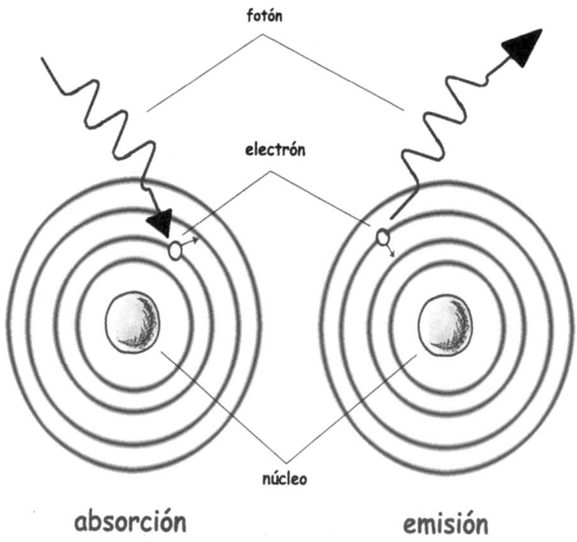

En el caso del electromagnetismo la partícula mediadora se llama fotón, probablemente te suene como el nombre de «la partícula de luz». Esto es porque la luz es uno de los muchos tipos de radiación electromagnética que existe. Otros fotones (no de luz visible) se muestran en las ondas de radio, la luz infrarroja, los rayos X o en los campos magnéticos de los imanes, por ejemplo.

Una partícula que aún no se ha conseguido observar es la que se supone mediadora de la gravedad, aunque ya tiene nombre: gravitón. Quizá no tarden demasiado... hay mucha gente ocupada en ello.

Y AHORA, LLUEVE

Salir del autobús y meter el pie en un charco era, sin duda, un pequeño paso para un hombre, pero no creo que pudiera decirse que hubiera sido un gran paso para la humanidad.

Haberse dejado el impermeable en casa tampoco era una muestra del genio que animó a Velázquez o Mozart.

Llovía ligeramente mientras la mirada de Max se posó sobre la manga de su forro polar. Las gotas grandes formaban círculos nada más tocarlo, pero algunas más pequeñas quedaban encima sin calar la ropa. Acercó la manga a sus ojos y vio cómo una joven pero valiente gota se mantenía erguida sobre las fibras. La esferita se rompió por debajo cuando el agua empezó a calar y desapareció por entero en la tela.

–Interesante...

El mismo pensamiento cruzaba las mentes de los paseantes, que veían cómo un muchacho se ponía como una sopa mientras parecía que quería establecer contacto con su enlace secreto a través de la radio incorporada a su reloj de espía.

Max volvió a la realidad (al menos tal y como la ven la mayoría de los mortales), y se cobijó en la acera bajo los balcones.

–¿Qué es mojarse y por qué hay cosas que no se mojan?...

La parada del autobús estaba justo a la altura de la floristería, y a la tendera no parecía molestarle que la lluvia cayera sobre sus plantas. Nuestro amigo contempló cómo las gotas resbalaban por las hojas de algunas plantas sin mojarlas. Desde más cerca podía ver como una fina pelusilla cubría las hojas, las gotas resbalaban por encima de los «pelitos» sin romperse, conservándose casi esféricas. Recordó haber visto algo parecido antes: el mercurio.

De niño rompió no pocos termómetros, y anduvo jugando con esas bolitas que se unían y separaban y que se movían como locas sin mojar nada... Aún le duraba el susto desde que hace pocos años se enterara de lo tóxico que es el mercurio.

–Las moléculas de agua se mantienen unidas entre sí en vez de unirse a las que forman el tejido... No tienen «razones» para separarse... Las «razones» que entienden las moléculas son... ¡las fuerzas!... Así que... si las fuerzas entre las moléculas de agua son más intensas que las fuerzas entre las moléculas de agua y el tejido, entonces el tejido no se moja, pero si las fuerzas entre las moléculas de agua y el tejido son más intensas que las que sienten las moléculas de agua entre sí... entonces se mojará...

Al lado de los tiestos había un pequeño recipiente de cristal del grosor de un dedo, la lluvia lo había estado llenando, Max lo tomó en sus manos y se lo acercó a los ojos. El nivel del agua que llenaba el recipiente no era horizontal, formaba una ligera curvatura de manera que era más alto en los extremos, donde el agua tocaba el cristal.

–Claro... la fuerza entre el agua y el cristal es mayor que las de las moléculas de agua entre sí, por eso el agua tiende a «pegarse» al cristal... ¿sería la curvatura al revés con otro líquido?

–¡Un coleccionista de frascos! –dijo la tendera–. Este de aspirinas es de la dinastía Ming, un recuerdo de familia, si no te lo vendería encantada. En cambio si estás interesado en comprar plantas, podemos llegar a un acuerdo...

«No entiendo qué gusto le sacan al *estilo indirecto*», pensó nuestro amigo, mientras proseguía su camino.

Experimento:
Mojarse o no mojarse. Gotas y meniscos

Mojarse o no mojarse. Gotas y meniscos

Como siempre, te animo a que veas que lo que hace Max funciona.

Experimento ⑨

Seguro que hay alguna planta en casa. Si tienes un cuentagotas o una jeringa (no hace falta aguja), podrás echar las gotas de una en una sobre las hojas de las plantas y verás como en algunos casos no se mojan (por ejemplo geranios). Si no, moja la punta de tu dedo y también podrás hacer caer las gotas de una en una. Quizá lo más divertido es tomar alguna hoja o un pétalo que se haya caído (no las arranques, no hace falta hacerle daño a la planta). Si aprietas un poco para hacer un «huequito» (en la hoja o el pétalo) puedes mantener la gota dentro y jugar con ella un rato.

Puede ser que hayas hecho esto con mercurio. Bueno, tiene gracia, pero ya no lo repitas más... el mercurio es altamente tóxico, ya te lo dijo Max pero que quede muuuy claro. Así con agua y una planta se ve muy bien y no se muere nadie...

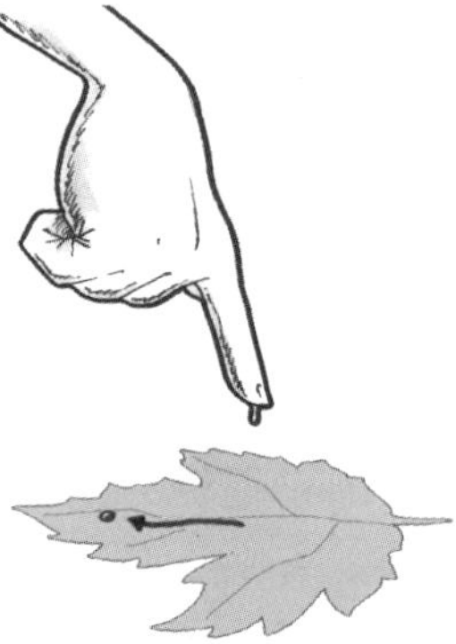

También es interesante que depositéis gotas de agua sobre distintos materiales. Corta unas cuantas tiras de papel normal, papel de cocina, cartón, plástico, etc. Observa qué pasa con la gota, su forma sobre el material, si moja o no...

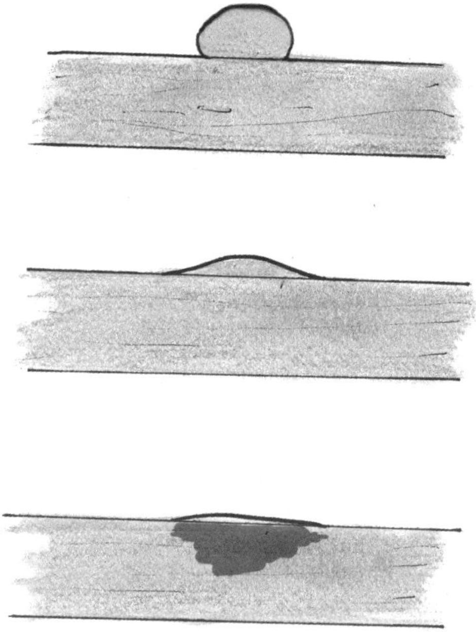

¿Por qué se mantienen las gotas con esa forma? Las moléculas de agua son tríos formados por un átomo de oxígeno y dos de hidrógeno (H_2O) y sienten fuerzas atractivas entre ellas. El átomo de oxígeno de una molécula atrae con cierta intensidad a los hidrógenos de otra. Esta fuerza hace que las moléculas tiendan a acercarse y agruparse y, en el caso de que no haya otras fuerzas exteriores intensas, hace que las gotas adopten esa forma esférica.

Es distinto cuando el agua también está en contacto con otra sustancia, ahí hay dos fuerzas que compiten. La atracción agua-agua y la atracción agua-objeto. Dependiendo de cuál sea más fuerte tendremos un resultado u otro.

Experimento ⑩

Observa, como hizo Max, el punto de contacto entre el agua y el lateral de un vaso lleno. Verás que la superficie no es plana, sino que «sube» un poquito hacia arriba. Si quieres observar este efecto con mucha mayor intensidad, necesitas un recipiente que sea muy estrecho o un tubo. Si el recipiente es ancho, mucha agua tiene que levantarse en contra de la gravedad.

Una forma sencilla es hacerlo con una pajita. Introduce una pajita en líquido (mejor coloreado, para que se vea bien), y observa qué pasa con el líquido que está dentro de la pajita. La atracción del líquido por la pajita hace que este ascienda por dentro de la pajita por encima del nivel del líquido exterior. En este caso algunos milímetros, casi medio centímetro. Aprovecha también para ver cómo la superficie del líquido en el interior de la pajita está muy claramente curvada. A estas superficies se las llama meniscos, este que se curva hacia abajo cóncavo y al contrario (al que se «abulta»), convexo.

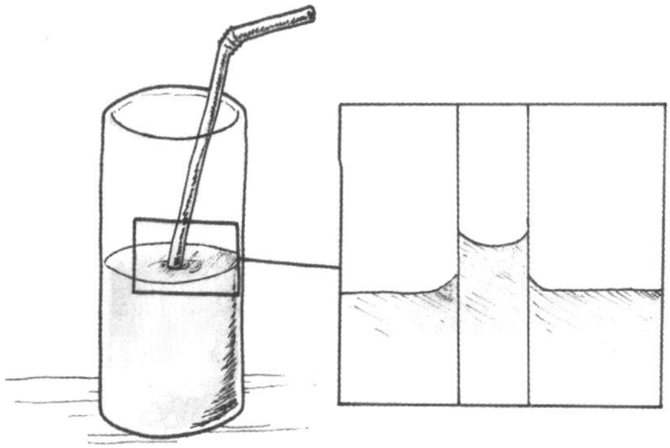

Si tienes tubos de menor grosor conseguirás que el líquido ascienda más. A este tipo de tubos finos se les llama capilares y a este fenómeno, capilaridad.

Este es uno de los efectos que ayuda a las plantas a hacer subir el agua desde el suelo por las raíces. Aunque en este caso la evaporación por los poros (estomas) de las hojas es el «motor» principal que impulsa el líquido a subir.

Puedes probar con un trozo de papel absorbente (papel de cocina, por ejemplo) e introducirlo un poco en un líquido. Verás como el líquido sube por la estructura capilar interior del papel y vence a la gravedad ascendiendo incluso algunos centímetros.

Para ver el otro tipo de menisco, tradicionalmente se usaba mercurio. Pero ya hemos dicho que nada de mercurio…

No nos quedemos tristes, vamos a hacer un poco de trampa y de paso hablamos de la tensión superficial.

Experimento ⑪

Una manera fácil de producir un menisco convexo consiste en llenar un vaso por encima del borde. Sin que se vierta, claro.

Si vas añadiendo agua poco a poco verás cómo la superficie del líquido sigue unida al borde del vaso, pero va «hinchándose» por la parte central (volviéndose convexa). Es la atracción entre las moléculas del agua la que hace esto, es como si fuera la parte exterior de una gota... grandota.

Si lo quieres más fácil, deposita una gota de agua sobre una superficie que no se moje. La gota queda plana por abajo y curvada por arriba.

Pero volvamos al vaso. A las fuerzas que mantienen la capa final del líquido se les llama tensión superficial, y es bastante fuerte, ¿te gustaría verlo?

Prueba uno: Mira a esos insectos que viven en los ríos y andan sobre el agua sin hundirse, los zapateros.

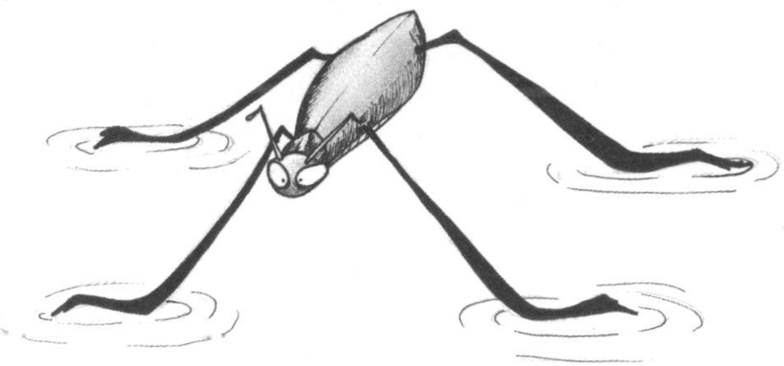

Prueba dos: Dobla un alambre con esta forma (dibujo) y mete «el aro» en agua. Comienza a elevarlo lentamente, y verás cómo el agua intenta «sujetarlo».

Prueba tres: Deposita muy suavemente un alfiler sobre el vaso, si lo haces con cuidado flotará. Con una moneda pequeña es aún más vistoso. Es difícil, no te desesperes. Yo lo he visto hacer, pero a mí casi nunca me sale.

Prueba cuatro: Con el vaso a punto de rebosar, empieza a meter alfileres dentro y te sorprenderás de la cantidad que vas a meter antes de que rebose. El menisco «aguantará» el nivel del agua que sigue subiendo.

Fuerzas, fuerzas y fuerzas… compitiendo entre sí. Las interacciones son la «sal de la vida»…

LOS POBRES PAJARITOS

Nunca había estado por esas calles de la ciudad, estaban alejadas de su barrio y quedaban bastante cerca de un polígono industrial. Probablemente eso explicaba la existencia de cables de alta tensión tan cerca de las casas.

«Espero que los quiten pronto», pensó mientras pasaba al lado.

Al pie de la torre había un cartel: «Peligro Alto Voltaje», y un símbolo con un rayo que daba sobre una persona. Max miró hacia los cables, hasta ese momento no se había parado a pensar sobre ello, pero no llevaban aislante alrededor, el metal estaba al descubierto.

Un pájaro que pasaba por allí dirigió su vuelo hacia los cables, estaba claro que los estaba viendo, pero lo más alarmante era que llevaba claras intenciones de posarse sobre ellos.

Levantó la mano y no pudo evitar que se le escapara un atemorizado «¡No...!». El pájaro se posó sin mayor problema y comenzó a atusarse las plumas bajo el ala. Los paseantes volvieron su vista hacia Max, una respetable mujer se apartó unos pasos para no pasar demasiado cerca de él, y un respetable caballero le puso en la mano una tarjeta de visita.

–¿GABINETE PSICOLÓGICO?... ¿DESCUENTO A GRUPOS?... –leyó Max.

Estaba aún un poco confundido pensando en el pájaro, miró al caballero que se alejaba y este le dedicó una condescendiente sonrisa y le hizo un gesto para indicarle que le llamara por teléfono para concertar la cita. Sacudió la cabeza, tiró la tarjeta a una papelera y se apoyó en la pared mientras seguía mirando al pájaro.

–Si esto está a 15.000 voltios, ¿por qué este pequeñín no se está «churruscando»? Ya había visto pájaros en cables, pero siempre estaban aislados… o eso pensaba yo.

–La corriente eléctrica en mi casa lleva dos cables... A ver... corriente... Una corriente de agua sale de un lugar para llegar a otro... si yo cierro un grifo, la corriente no puede circular... Veamos...

Algunos transeúntes al pasar miraban hacia donde lo hacía él, intentando averiguar qué había digno de ser visto por allí, pero a ninguno le pareció sorprendente aquel pajarito acicalándose.

–De acuerdo, la corriente viene por un cable y vuelve por el otro... y, ¿la corriente alterna?... mmm... sí, ahora recuerdo... esa unas veces viene por uno y vuelve por el otro y otras veces al revés... aunque cambia de dirección muy rápidamente... algo así como 50 veces por segundo...

Se miró la mano y ahí tenía la pequeña cicatriz que le quedó cuando de pequeño se le ocurrió meter unas tijeras en el enchufe y, como decía su madre: «… y dale gracias a Dios, que así enterramos al "Tenazas", el amigo de tu abuelo…».

–En cualquier caso, si la corriente va por un cable y viene por otro, ¿por qué me dio calambre a mí, que sólo lo metí en un agujero? ¿Por qué no le da calambre al pájaro? Max miraba ahora hacia el suelo intentando encontrar una solución, y allí mismo estaba.

–¡Eso es!... ¡El suelo!

La gente que pasaba miró hacia abajo al oírle, pero no había nada a la vista que llamara la atención, así que después le dirigían una mirada de extrañeza y seguían su camino.

–Esa es la diferencia entre el pájaro y yo: yo estaba sobre el suelo y él no lo está. De alguna forma la corriente toma un desvío y va hacia el suelo a través de mi cuerpo pero, ¿qué puede haber en el suelo que «atraiga» a la corriente?

–Pues ¿qué va a ser? Lo único que «atrae» siempre a la corriente... ¡el otro polo!... sin duda uno de los polos tiene que estar conectado al suelo, de manera que si tocas un cable, realmente estás cerrando el circuito con el suelo. El pájaro está a salvo, siempre que no toque los dos cables, o un cable y la torre que está conectada al suelo...

Una vez resuelto el misterio Max emprendió el camino de nuevo, despidiéndose con un gesto de su pequeño amigo alado.

Experimento:
La corriente eléctrica

La corriente eléctrica

Con la electricidad estática has visto que las cargas se atraen y repelen y que ejercen fuerzas entre sí. Cuando hacemos esas experiencias solemos cargar objetos y ver las fuerzas que aparecen, también los descargamos para ver chispas, pero no estamos particularmente interesados en un flujo continuo de carga. Esto es lo que nos interesa ahora.

En estos experimentos tenemos dos sustancias que están a lo que llamamos distinto potencial. Puede ser que haya excesos de carga en ellas o que se produzcan reacciones químicas que manden electrones de una sustancia a otra. Como comentamos en otra sección, aunque la materia está formada por cargas positivas y negativas (protones y electrones), son solamente los electrones los que tienen movilidad suficiente para producir este flujo de carga.

☞*En situaciones particulares también pueden ser otras partículas cargadas o incluso átomos enteros con algún electrón de más o de menos (y por lo tanto cargados) los que se muevan. Por ejemplo, cuando se conduce la corriente a través de agua con sal común, las cargas que transportan la corriente son los átomos que componían la sal que al disolverse se separaron, quedándose uno con un electrón de más y otro con uno de menos.*

¡Fíjate en la ilustración que tienes en la página siguiente!

Para estos experimentos necesitamos esa «fuente de carga». Esos dos puntos, uno con un exceso de electrones y el otro con defecto. De manera que haya electrones que estén en uno de ellos, pero «deseando» ir hacia el otro hasta que la carga quede compensada. A la sustancia con exceso de electrones le llamamos polo negativo, y a la que anda escasa de carga negativa, polo positivo. Necesitamos... una pila.

La típica «pila de petaca» de 4,5 voltios es ideal para nuestros experimentos y al tener tan poco voltaje no resulta un peligro (los enchufes de tu casa dan 220 voltios, y eso sí que puede hacer daño).

También necesitaremos unos cables para hacer conexiones aquí y allá, y tres bombillas adaptadas a ese tipo de pila. En la ferretería del barrio tienen todo esto.

Experimento ⑫

El primer experimento consiste en quitar el precinto de la pila, levantarla en tus manos y pensar...

Si la pila no está gastada, eso significa que el aire no conduce la electricidad fácilmente. Este ha sido sencillo.

Si pones los polos tocando tu mano, no notarás nada... tampoco eres tú un buen conductor.

Ya, pero... ¿no hemos visto rayos cayendo a través del aire? O ¿no es cierto que hay personas a las que les ha caído un rayo encima?... ¿Conducen el aire y la carne la electricidad, o no?

Digamos que las definiciones correctas de conductor y aislante eléctrico serían, respectivamente: sustancias que dejan pasar la corriente eléctrica *con facilidad* o no dejan pasar la corriente eléctrica, *con facilidad.*

Dicho de otra forma, todas las sustancias oponen cierta resistencia al paso de la corriente. Cuando esta es muy alta los llamamos aislantes. Cuando es baja, conductores. Pero esos aislantes sometidos al suficiente voltaje conducirán la electricidad en cierta medida y los conductores, por su parte, se calentarán apreciablemente debido al esfuerzo que hace la corriente al atravesarlos si esta fuese suficientemente alta.

> ☞*A esto hay una excepción llamada superconductores, sustancias que bajo determinadas condiciones, sobre todo una temperatura extremadamente baja, son capaces de conducir sin ninguna resistencia... pero esto lo dejaremos para otra ocasión.*

También puede ocurrir que el aire o la piel en distintas condiciones tengan una resistencia eléctrica distinta. Haz un experimento un poco «cochino», pon tu lengua de manera que los dos polos de la pila la toquen. Notarás un cosquilleo y quizá un cierto sabor ácido, la piel húmeda no es mal conductor eléctrico. ¡Cuidado con la electricidad en el cuarto de baño...!

Experimento ⑬

En nuestros experimentos tenemos un problema con la corriente: que no se ve. Pero para eso hemos comprado bombillas.

Las bombillas tienen dos terminales para que la corriente pueda entrar por uno de ellos y salir por el otro. No olvidemos que para que algo fluya tiene que haber entrada y salida.

☞*Hay distintos tipos de soportes para bombillas (casquillos). Consulta en donde los adquieras en qué puntos debes conectar los cables para que funcionen bien.*

Conecta un cable desde el polo negativo de la pila hasta uno de los terminales de la bombilla. Verás que no se enciende. Esto es lo mismo que le pasaba a los pájaros de la historia de Max.

Es cierto que el polo negativo bulle con electrones que quieren salir, entonces ¿por qué no lo hacen? Los electrones no desean marcharse por el gusto de marcharse, sino que sienten una atracción por el polo positivo. Si ponemos un solo cable, el polo positivo no está «a la vista», por lo tanto no hay razón (fuerza) alguna para salir. Conectando únicamente el otro cable, la corriente tampoco fluye.

Conecta ahora un cable del polo negativo a un terminal de la bombilla y del otro terminal de la bombilla al polo positivo. Ya tenemos luz.

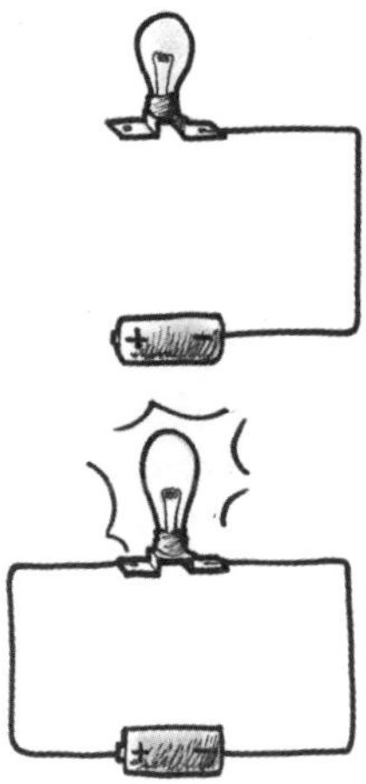

Ya sabes, para que haya flujos tiene que haber: origen, camino y destino; es decir, polo negativo, cables y bombilla, y polo positivo. Lo mismo que el agua que fluye del lago en la montaña, por el cauce del río, hasta el mar.

Experimento ⑭

¿Qué pasa si cortamos uno de los cables? El camino se interrumpe, el flujo se interrumpe, la bombilla se apaga. Si volvemos a unir los cables vuelve a encenderse claro.

Pela un poco los cables, vamos a usar ese circuito que has construido como un medidor de resistencia.

Toma distintos objetos, alambres y metales diferentes, plástico, madera, un lápiz al que le hayas sacado punta por ambos lados, una taza con agua del grifo y una taza llena de agua con bastante sal disuelta.

Tocando con los extremos cortados en los distintos objetos, verás que los metales conducen la electricidad, mientras que el plástico y la madera no. Seguro que algunos metales de los que has usado no conducen la electricidad, pero no te preocupes, eso es porque su superficie está recubierta con alguna sustancia aislante, por ejemplo pintura.

☞*En el caso particular del aluminio (de ventanas, por ejemplo) se oxida tan rápido que siempre está recubierto de una capa de óxido de aluminio que es aislante.*

Es curioso, pero efectivamente el grafito (material del que está hecha la mina del lápiz) conduce la corriente. Como la bombilla se ilumina menos sabemos que la resistencia del grafito es mayor que la de los metales. También puedes observar que el agua salada conduce la electricidad. Puede que la bombilla luzca tan débilmente que te parezca que no circula la corriente. El burbujeo alrededor de los cables sumergidos te muestra que sí está circulando.

Experimento ⑮

Seguro que conoces el término cortocircuito. Vamos a verlo en la práctica.

Aprovechemos el circuito que has hecho y ampliémoslo. Conecta otra bombilla a los cables que cortaste para hacer el experimento de resistencia. Los cables deben quedar así: polo negativo-primer terminal de la bombillaA, segundo terminal de la bombillaA-primer terminal de la bombillaB, segundo terminal de la bombillaB-polo positivo de la pila.

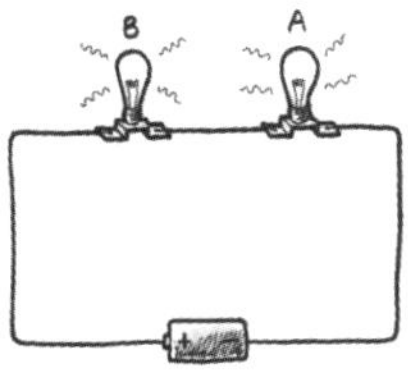

Verás que al poner las dos bombillas ya no lucen con tanta intensidad, esto es porque ahora la resistencia del circuito al paso de la electricidad ha aumentado con la segunda bombilla y por lo tanto circula menos corriente.

Hagamos un cortocircuito. Un cortocircuito es un atajo. Le propondremos a la corriente que vaya por otro camino y quizá nos haga caso.

Conecta ahora un nuevo cable entre los terminales de la bombilla B. Verás que deja de lucir y que la otra vuelve a lucir con tanta intensidad como cuando estaba sola.

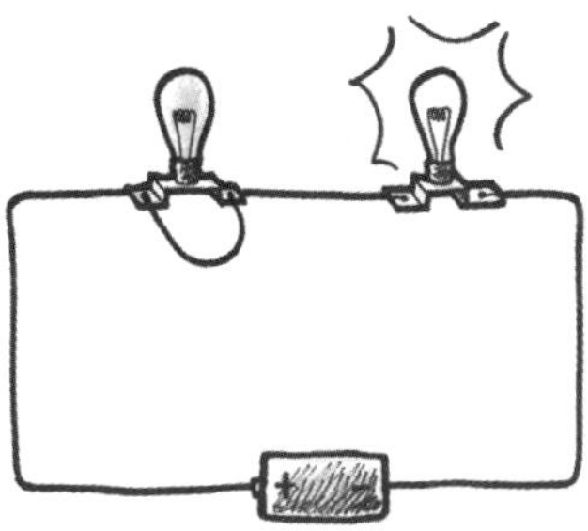

¿Qué ha ocurrido? Cuando la corriente llega al primer terminal de la bombilla B tiene dos opciones para llegar al segundo terminal: ir por dentro de la bombilla, o por el cable que acabamos de poner. El segundo camino tiene mucha menos resistencia y en la práctica casi toda la corriente circula por allí, por eso no se ilumina esta bombilla.

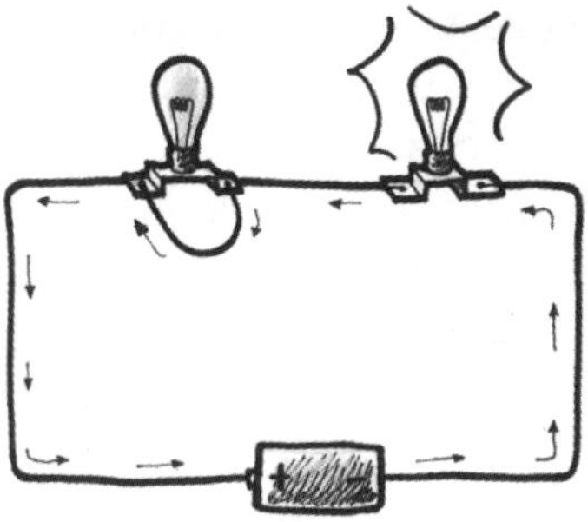

¿Qué pasaría si dos ciudades estuvieran unidas por una autopista y un camino de tierra? En la práctica todo el flujo de tráfico iría por la autopista.

Un cortocircuito más intenso se produce si unes los dos polos de la pila directamente con un metal. El flujo de corriente será tan intenso que el metal se calentará suficiente como para quemarte. Por otra parte la pila se gastará en no mucho más de algún minuto. Si no te importa gastar una pila puedes probar esto con un adulto.

En los circuitos de tu casa hay sistemas de protección para que no se produzca esto. Cuando se da este problema, por ejemplo al enchufar un aparato en mal estado, se desconecta el circuito completo de la casa, o si está dividida en varios circuitos, el correspondiente a esa parte de la casa (cocina, enchufes, luces, etc.).

Ya que has tenido que comprar cosas, usémoslas un poco más.

Experimento ⑯

Construyamos un mini-Max.

Toma la tercera bombilla y conecta un cable a cada terminal. Ahí lo tienes: la bombilla es la cabeza y los cables sueltos los brazos.

Haz que mini-Max toque los dos polos de la pila. Se le enciende la cabeza... lo hemos electrocutado, je, je.

Ahora recupera el primer circuito: pila, bombilla y cables cortados.

Si mini-Max cierra el circuito... se hace «pupa» de nuevo, ya nos lo imaginábamos. Pero quiero que veas otra cosa.

Cierra el circuito con un trozo de metal, con un alambre por ejemplo. Ahora convence a mini-Max para que toque con sus dos manitas el alambre. Curioso, ¿verdad? No se electrocuta.

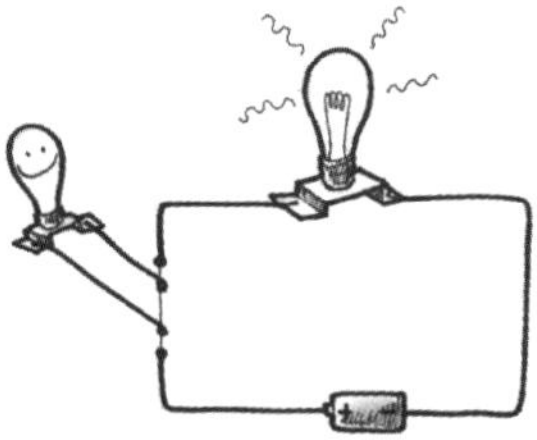

Si te fijas, el alambre funciona como un cortocircuito, ¿por qué dejaría la corriente un camino tan «bueno» (resistencia baja) para ir a través de nuestro mini amigo?

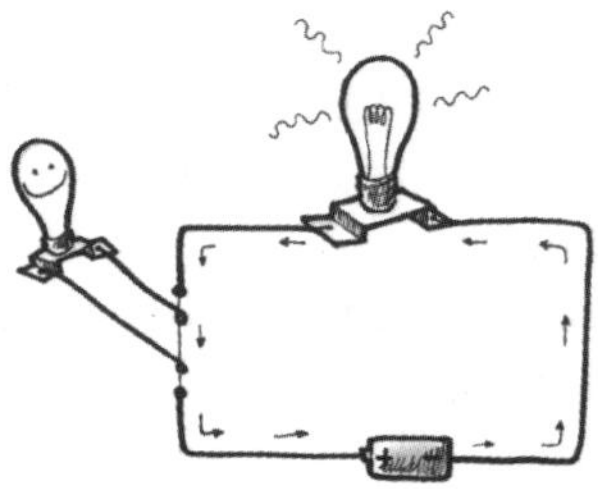

En la vida real con esto se construye lo que se llama una jaula de Faraday. Montas una jaula con alguien dentro, haces pasar corriente (aunque sea alta) a través de la jaula y, aunque toques la jaula, no te electrocutarás.

Te preguntarás por el sentido práctico de esto, parece más algo de circo... bueno pues aquí tienes: Si te encuentras en una tormenta eléctrica y estás dentro de un coche, tranquilo... ¡es un lugar seguro! Es una jaula de Faraday.

Si eres aficionado a las manualidades, quizá te apetezca construir una jaula con alambre, e incluso vestir un poco a mini-Max. Podrás hacer divertidas demostraciones a familiares y amigos.

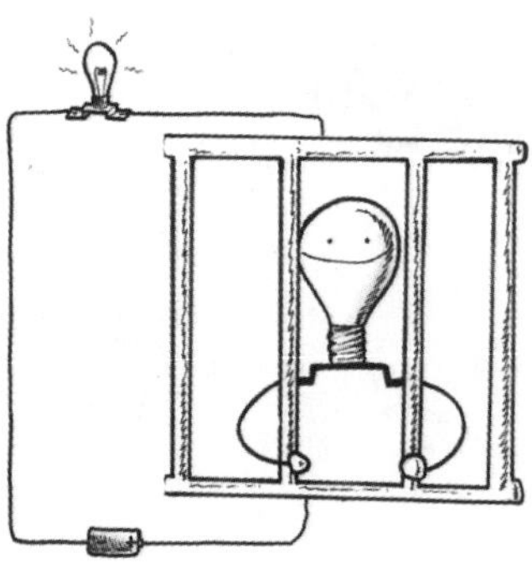

Experimento ⑰

Busquemos una aplicación más práctica de estas jaulas.

Como estas jaulas están fabricadas con materiales conductores, las ondas electromagnéticas (como las de radio, televisión o comunicaciones), inducen (generan) corrientes en los barrotes.

Las corrientes de los barrotes producen a su vez ondas que anulan las originales.

Resumiendo: Dentro de estas jaulas, no funcionan las radios ni los móviles.

Para que lo veas claro y no tengas que hacerte una jaula suficientemente buena (con muchos barrotes y muy tupida) bastará con que envuelvas tu móvil o una radio en papel de aluminio. Verás que se pierde la recepción de la radio y la cobertura del móvil. Intenta llamarle...

Estos mallados se utilizan como protección contra interferencias en muchos aparatos, como por ejemplo en los cables que solemos usar para la antena de televisión, el llamado coaxial. Pídele a un adulto que te enseñe ese cable abierto y verás el mallado.

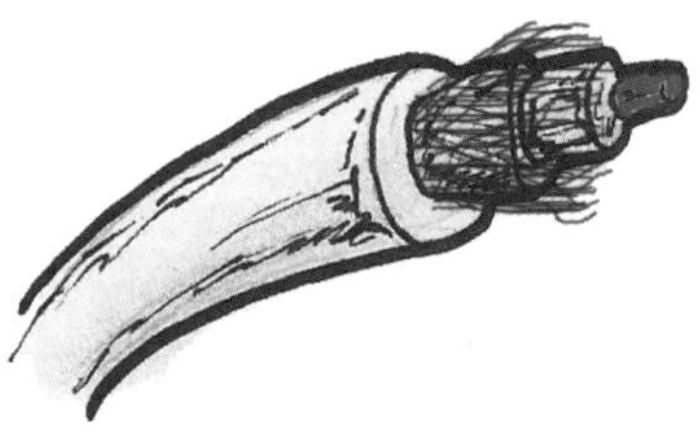

Experimento ⑱

Ya por último, basta con mirar el filamento de la bombilla para que veas que la corriente eléctrica produce calentamiento de los objetos. Esto depende de cuánta corriente circula y cuánta resistencia opone el material en cuestión.

La bombilla está diseñada para que la temperatura que alcance el filamento sea muy alta y por lo tanto la luz bastante blanca.

Para esto se utiliza un metal muy resistente a la temperatura que se llama wolframio, pero aún así es necesario sacar el aire de dentro, porque si hubiese oxígeno presente ardería.

Veámoslo.

De nuevo cuidado y que te eche una mano un adulto.

Con la bombilla desconectada, tienes que romper el cristal sin hacer «migas» el filamento y todo lo demás que hay dentro. Con un martillo, un golpe seco y un poco de habilidad es posible.

Ahora y con cuidado de no cortarte con los cristalitos, conecta la bombilla a la pila y no la pierdas de vista, porque todo acabará en menos de un segundo.

Verás que se produce una luz muy intensa en décimas de segundo y sale un hilito de humo. Se acabó… el filamento ha ardido.

Experimentos aparte, en la bombilla la temperatura alta es el medio para conseguir producir luz y está bajo control. Pero en general cuando un interruptor, un enchufe o cualquier aparato eléctrico esté muy caliente, es una señal de que hay cierta sobrecarga (a no ser que sea un calentador, claro). La sobrecarga puede deberse a algún contacto suelto en el interior, rejillas de ventilación tapadas, muchos aparatos conectados al mismo enchufe, etc.

¡QUÉ BIEN PENSAO' ESTÁ EL CAMPO!

Cerca del polígono se terminaba la ciudad y se veían algunos terrenos cultivados, caminos entre maleza, lo que, a falta de boscosos valles y nevadas montañas, los habitantes de la ciudad llamaban «el campo».

Era agradable pasear por allí. La amplitud de la vista aliviaba la sensación opresiva que le producía la ciudad y los rayos de sol que se colaban entre las nubes siempre le habían parecido una señal de que, al fin y al cabo, hay algo bueno detrás de las cosas. Sin embargo...

–¡Qué bien pensao' está el campo! –dijo con ironía, evocando a sus humoristas favoritos–. Hace millones de años que llevan haciendo las semillas estas con «ganchitos» para que, cuando se inventaran los calcetines, se nos quedaran pegadas... ¡qué bien pensaooo'!

Se quedó parado en lo que parecía la mitad del camino, en la mitad del campo, en medio de todo.

–La Naturaleza no hace las cosas porque sí..., debe haber una explicación...

Unos jadeos y la sensación de humedad de un hocico en la mano le sacaron de su trance, una masa de pelo saltaba ahora a su alrededor mientras ladraba incesantemente.

–No te preocupes, que sólo quiere jugar –dijo una segunda masa de pelo móvil que se acercaba.

«¿Qué pasará el día que me compre una cobra y le diga al “fulano este” que sólo quiere jugar?», pensó. En su cara apareció una mueca (aunque su cerebro hubiese ordenado mostrar una «sonrisa amistosa»), y se alejó de la pareja peluda. Sus pensamientos volvieron de nuevo hacia los inquilinos de sus calcetines.

Cogió algunos y empezó a probar con las distintas prendas que llevaba puestas.

–... se agarran con sus «ganchitos» al tejido, pero no a los hilos... más bien a la «pelusa».

–¿Qué cosa hay con «pelusa» desde hace millones de años para agarrarse...?

Se dio la vuelta y miró a sus compañeros de «juegos» que se alejaban.

–¡Hasta luego, chaval! –dijo la masa de pelo móvil con el don del habla.

–¡Ale... que sí...! –un balbuceo fue el mejor producto que dio su cerebro en esos momentos.

–A ver si os lleváis doscientos pegaos’... –dijo en voz más baja.

–No parece una mala manera de mandar las semillas lejos con poco esfuerzo. La verdad, es una idea fantástica, deberíamos copiarla...

Se interrumpió al ver el cierre de velcro de sus zapatillas, se agachó y comenzó a abrirlo y cerrarlo una y otra vez, divertido.

Una ráfaga de viento levantó algo de polvo y le hizo incorporarse, pestañeó para aclarar la vista y, al abrir los ojos, un montón de pequeñas «semillas-parapente» de diente de león pasaban a su lado sobre la hierba y seguían su camino.

–¡Qué bien pensao’ está el campo!

Experimento:
Los diseños naturales

Los diseños naturales

Las personas religiosas creen que hay una inteligencia superior tras el Universo que vemos y, por lo tanto en su opinión, no es de extrañar encontrar diseños tan perfectos en la Naturaleza.

Las personas que piensan que no hay nada más que las leyes de la Naturaleza, creen que los seres vivos van cambiando (mutando) y el entorno va seleccionando qué diseños están mejor adaptados. Son millones de años de ensayos.

Un diseño particular no será el mejor adaptado para cualquier situación. Por ejemplo, nuestra piel: el color de piel más adaptado en las zonas tropicales es oscuro, mientras que en las zonas polares es claro. Así aprovechamos o filtramos el calor del sol según sean las necesidades.

Sea como fuere, en lo que todos están de acuerdo es en el hecho de que los diseños naturales son fantásticos y que están muy bien adaptados al medio en el que han subsistido.

Experimento ⑲

Una de las cosas más prácticas que se puede hacer es observar el propio cuerpo. Fíjate:

Visión binocular, dos ojos frontales que nos permiten ver en tres dimensiones. Prueba a taparte un ojo y llenar un vaso... en el fregadero, por favor.

Dos oídos, audición direccional.

Pulgares oponibles en las manos. Nos permiten agarrar y manipular objetos.

Di algo y escúchate. La anatomía de nuestros órganos fonadores nos permiten emitir esta variedad de sonidos articulados, con la que hemos construido el lenguaje y, en opinión de muchos, el pensamiento.

Pies adaptados al caminar bípedo, nada fácil. Si miras en el resto de la Naturaleza verás que no es muy popular.

Y un enorme etcétera.

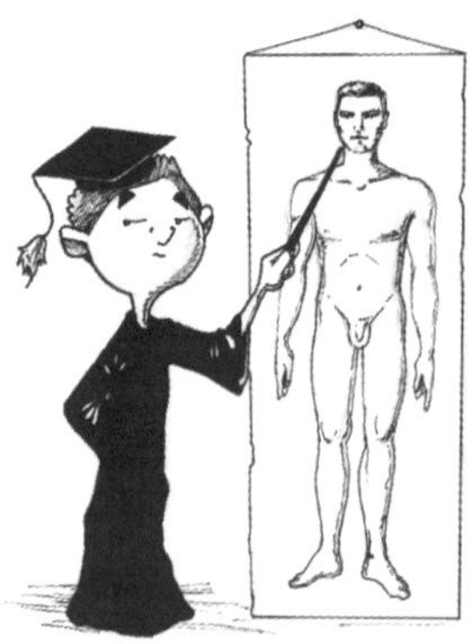

Si quieres buscar más es muy sencillo… prácticamente todas las formas, tamaños, estructuras de tu cuerpo te producen una ventaja evolutiva, digamos que «sirven a un propósito». La cuestión es que científicamente no se puede decir que *sirven a un propósito*, porque eso implicaría que «alguien las ha hecho para», y lo único que sabe la ciencia es que la Naturaleza ha seleccionado esa variante porque produce una ventaja evolutiva.

Otros seres plantean otras necesidades o viven en otros entornos y por lo tanto sus adaptaciones son muy distintas, pero igual de interesantes: olfatos penetrantes; plantas que viven a partir de materia inorgánica sin «comerse a nadie»; entornos de temperaturas altísimas o bajísimas; entornos con sustancias químicas muy agresivas; a enormes presiones (profundidades marinas)…

En ocasiones resultan hasta divertidos. Quizá conozcas el efecto de comer higos sobre el intestino… Digamos que te dan ganas de estar sentado un rato en determinada habitación de tu casa. A pesar de todo, las semillas salen sin ser digeridas. Resumiendo, la higuera ofrece un fruto suculento, un pájaro se lo come, al poco tiempo deja las semillas con heces (que harán de abono) en un lugar al que la higuera no podía llegar para reproducirse. Es parecido al caso que vio Max.

Y, ¿qué me dices de los cocos, que flotan por el océano y llegan a islas a kilómetros de distancia...? Vale, vale… ya lo dejo… Pero en serio, mira documentales, libros de curiosidades, la red… vale, vale… ya paro.

Como dijimos al principio, bien por la inteligencia de un espíritu superior, o bien por millones de años de ensayos, los diseños que muestra la Naturaleza están estupendamente adaptados.

En la actualidad se desarrolla a pasos agigantados la ciencia de la robótica. Se nos plantean nuevos problemas, por ejemplo: quiero un brazo automático que tome una pieza de la cadena de montaje A y la lleve a la cadena B. Tengo que diseñar un sistema de agarre, una articulación, etc.

Pensad por un momento en vuestros brazos o piernas. La rodilla es un ejemplo estupendo de articulación. Es extremadamente fuerte, soporta decenas de kilos, incluso soporta esfuerzos mayores al saltar o correr. Al mismo tiempo no sólo se dobla, sino que puede rotar y tiene una amplitud de movimientos enorme. Puedes también ver que incluso en esas posiciones giradas o forzadas también soporta tu peso. La robótica está lejos de conseguir articulaciones así de buenas.

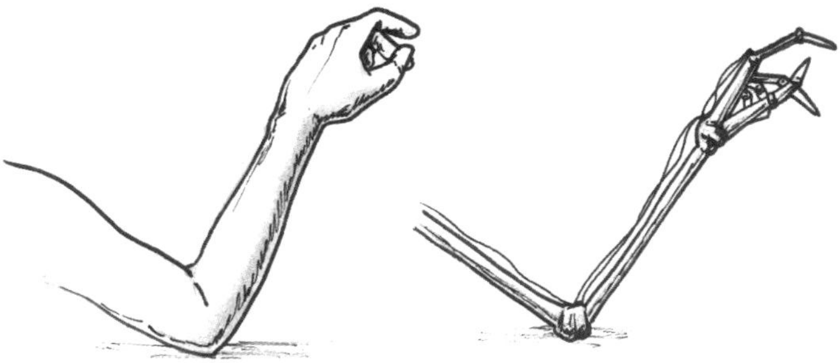

Por esto, la robótica copia diseños sin ningún pudor ni vergüenza (ni hay por qué tenerla), los usa como inspiración para otros parecidos, examina las sustancias químicas que utilizan los seres vivos para utilizarlas también o, como punto de partida, para generar nuevos compuestos adaptados a nuestras necesidades.

Otro enorme problema de la tecnología actual es el almacenamiento de energía. Nuestras baterías y sistemas, ocupan mucho espacio, pesan mucho, no almacenan demasiada energía e incluso el propio almacenamiento consume parte de la energía. Tu propio cuerpo, con el uso de una molécula llamada ATP que se «monta» o «desmonta» si se quiere almacenar o recuperar energía, respectivamente; o con la grasa que se forma cuando se consumen más calorías de las que se gastan, es extremadamente eficiente.

ME DUELE LA TRIPITA

Pararse a comprar algo de comer en aquella tienda no había sido una buena idea, pensaba ya de vuelta en casa.

–Si es sólo un «bocata»... son iguales en todas partes... –se decía a sí mismo con ironía.

Abría y cerraba las puertas de los armarios de la cocina, vaciando estantes y rebuscando en los cajones.

–Esto se parece mucho al laboratorio de Química, aunque allí no me dejan probar a qué saben las cosas...

Por fin encontró lo que buscaba: el bicarbonato.

–Espero que lo dejes todo como estaba... –dijo su madre que acababa de entrar.

–¡Y mejor...! –le contestó mientras empezaba a guardar todo lo que había sacado.

–¿Qué sería del mundo si siempre dejásemos todo «como estaba»? –dijo cuando ya se había ido su madre–. Imagínate un dios que hubiese dicho…

Levantó un dedo en alto mientras recitaba pomposo.

–»Adán y Eva, ahí tenéis el Mundo, haced de él lo que os plazca... pero por favor, dejadlo luego como estaba... ¡vamos, no me digas!»

Un giro del divino dedo golpeó la botella del vinagre que se derramó sobre la mesa y, con un alarde de felina habilidad, al intentar coger el vinagre consiguió tirar también el bote de bicarbonato. Cuando se mezclaron las dos sustancias se produjo un burbujeo y un ruido de efervescencia.

Su madre entró al oír el ruido y se quedó parada en la puerta mirándole con aquel gesto de «ya-te-lo-dije».

–Bonito número, ¿haces luego otro «pase» por la noche?, es que ahora me tengo que ir.

–No te preocupes, ya lo limpio –dijo mientras se apresuraba a coger la bayeta.

Cuando su madre se fue, dejó la bayeta encima de la mesa y tomando la botella de vinagre, miró la etiqueta.

–Hmmm... ÁCIDO ACÉTICO.

Hizo lo mismo con el bote de bicarbonato.

–... BICARBONATO SÓDICO.

–Probemos...

Haciendo oídos sordos a la «suprema ley» de «dejar las cosas como estaban», Max echó un poco de vinagre en un vaso y le añadió una cucharadita de bicarbonato. La reacción fue inmediata y un montón de espuma burbujeante se desbordó del vaso, manchando aún más la cocina.

Rápidamente puso el vaso sobre la pila para que no manchara mucho más.

–Así que esto es lo que ocurre con el ácido de mi estómago cuando me tomo el bicarbonato..., y todo este gas debe ser el que me tiene pidiendo excusas durante la hora siguiente.

La madre ya llevaba el abrigo puesto cuando se asomó de nuevo a la cocina. Si hubo algún momento en el que sobraran las palabras, era este.

Max empezó a limpiar la encimera y a recoger los botes. Aún pensaba en la reacción química mientras fregaba los vasos pero obedeciendo, ahora sí, la suprema ley: «déjalo todo como estaba».

Experimento:
Los cambios químicos. Reacciones químicas

Los cambios químicos. Reacciones químicas

Max ha montado una buena en la cocina...

Todos sabemos que cuando se ponen algunas sustancias juntas pasan cosas.

También suelen pasar cosas cuando se calientan sustancias.

¿Qué hay detrás de todo esto?

Sabemos que la materia está compuesta por átomos, aunque ahí no se acaba la cosa, como hemos visto en otras secciones, dentro de los átomos hay partículas, esas partículas también están constituidas por otras partículas...

Aquí nos quedaremos a nivel atómico.

Conocemos ciento y poco átomos diferentes: el hidrógeno, el oxígeno, el hierro, el carbono... pero el número de sustancias que vemos es mucho mayor.

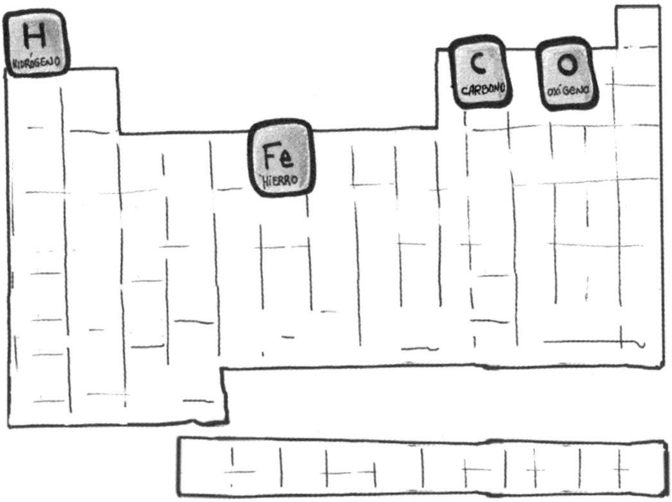

Resulta que los átomos con frecuencia se «unen» y forman grupos, que pueden ser simplemente parejas, tríos, de cuatro, o en casos como el ADN o los plásticos, de cientos e incluso miles de átomos.

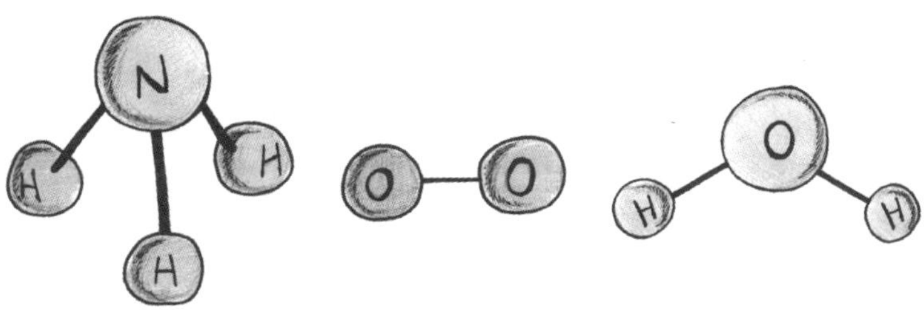

amoniaco (NH_3) oxígeno (O_2) agua (H_2O)

Como dijimos en otras secciones, los átomos contienen electrones que giran alrededor del núcleo y que forman la «corteza» exterior. Esta corteza tiene un comportamiento distinto en cada átomo, y también se comporta de forma distinta al entrar en «contacto» con la corteza de otro átomo. En general podríamos decir que algunos de los electrones de las cortezas de dos átomos que entran en «contacto» quedan «compartidos» y pasan de un átomo a otro, no teniendo que ser este reparto necesariamente al 50%.

Estos electrones compartidos (no más de siete, aunque el átomo tenga muchos más electrones en su corteza) hacen de «pegamento» y mantienen a la nueva pareja de átomos unidos. Esto quiere decir que quedan a una distancia estable y con cierta resistencia a ser separados.

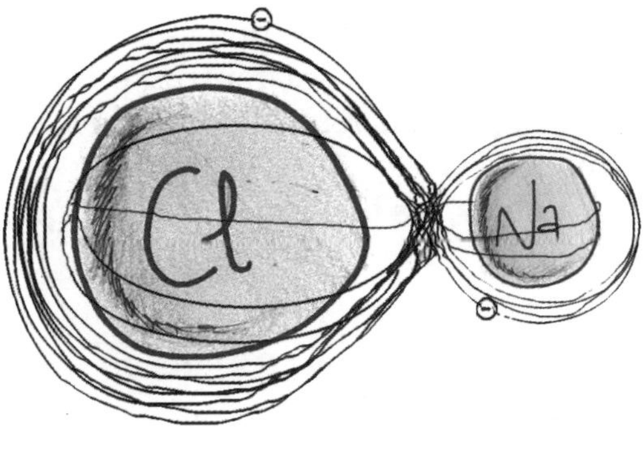

Así que la materia es un montón de átomos que van «por libre» y otro montón agrupados en equipos de distinta composición. Llamamos *elementos* a esas sustancias formadas por átomos de un mismo tipo, y *compuestos* a aquellas sustancias formadas por distintos átomos unidos en moléculas, que así llamamos a los grupos de átomos.

☞*También surgen sustancias diferentes a base de mezclar distintos elementos o compuestos, como puede ser el agua salada. Agua (compuesto: H_2O) con sal común (compuesto: NaCl molécula formada por un átomo de cloro y uno de sodio). No hay que confundir los compuestos con las mezclas; en los compuestos los átomos están ligados por los electrones de sus cortezas, en las mezclas las moléculas están simplemente unas al lado de otras, o atraídas por fuerzas, pero sin compartir electrones (como pasa con la sal y el agua).*

Estos grupos de átomos –estas moléculas– pueden cambiar. Por ejemplo, pueden descomponerse quedando sus átomos libres, puede venir un átomo nuevo que sustituya a alguno del grupo que ahora quedaría suelto, puede que dos grupos se encuentren e intercambien un átomo por otro, pueden venir átomos sueltos y formar un nuevo grupo, etc.

A estos cambios, los llamamos cambios químicos, reacciones químicas.

Experimento ⑳

Max hace una reacción en la que dos grupos intercambian algunos de sus miembros; o dicho químicamente, dos compuestos intercambian átomos.

Puedes hacerla tú también. Junta unas cucharadas de bicarbonato con un chorrito de vinagre y verás un divertido y espumoso burbujeo. Si quieres ver cómo se forma el gas del que habla Max (dióxido de carbono) realiza la reacción dentro de una botella y pon un globo desinflado tapando la boca de la botella. Se irá inflando según la reacción va progresando.

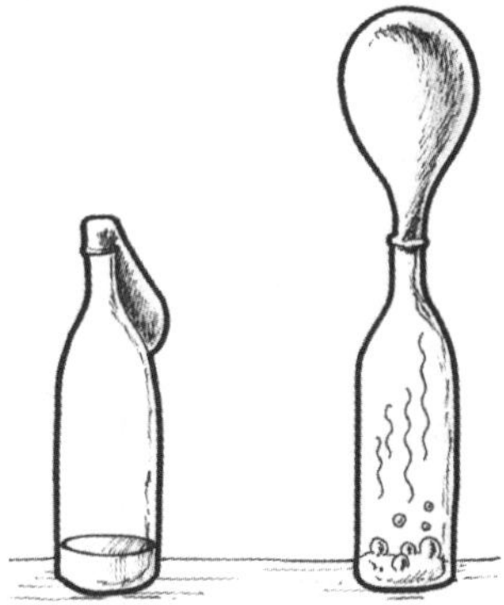

☞ Por cierto, si una vez más eres aficionado a las manualidades… construye un volcán de arcilla o papel encolado alrededor de una taza o botella, pon dentro bicarbonato, y añade vinagre mezclado con tinta roja… verás que erupción más florida.

El vinagre es una mezcla de varias sustancias, pero su ingrediente principal es el ácido acético, un ácido no demasiado fuerte (no como el sulfúrico, por ejemplo). Es un compuesto y su molécula está formada por átomos de carbono, hidrógeno y oxígeno.

El bicarbonato sódico es un compuesto en cuya molécula encontramos los siguientes elementos: carbono, oxígeno, hidrógeno y sodio.

Al ponerlas en contacto esas dos sustancias «desaparecen» porque algunos átomos que forman sus moléculas se desvinculan, pero aparecen sustancias que antes de la reacción no estaban: agua, dióxido de carbono y acetato de sodio; las tres compuestos.

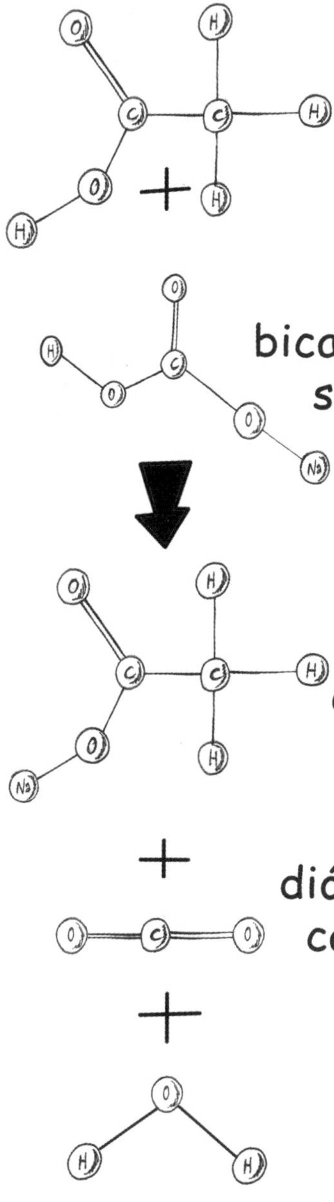

ácido acético

bicarbonato sódico

acetato de sodio

dióxido de carbono

agua

Es curioso el hecho de que a partir de diversos reactivos, independientemente de su estado, pueden aparecer sólidos, líquidos o gases. No se trata de algo así como: líquidos + líquidos = líquidos, etc. Depende de las sustancias que se producen y depende de la reacción química en cuestión. Por ejemplo, el agua es un producto común en muchas reacciones químicas, pero unas veces aparece en estado líquido (como en esta reacción) y otras en estado gaseoso (como al quemar gasolina o gas natural).

Experimento ㉑

Muchas de estas reacciones son espontáneas, es decir ocurren sin que haya que aportar energía. Esto no quiere decir que sean también rápidas, las hay rápidas y lentas. Verás:

Corta una pera y deja un trozo al aire, verás como en pocos minutos se oscurece. Se ha producido una oxidación.

Prepara zumo de naranja. Bebe un poco inmediatamente y otro poco cinco minutos después. El cambio de sabor que notas viene porque vitaminas presentes en ese zumo han reaccionado con el aire y se han oxidado.

También sabemos que en el plazo de días o meses un trozo de hierro comienza a convertirse en una sustancia anaranjada, óxido de hierro. Otra reacción espontánea, pero más lenta.

En el otro extremo, una combustión es químicamente una oxidación. La llama del fuego de la cocina es fruto de la oxidación del gas. En este caso una reacción muy rápida.

En todos estos ejemplos puedes observar como las velocidades y los productos son muy distintos, incluso en el mismo tipo de reacción, en este caso, asociación con oxígeno, oxidación.

Si dejas un periódico a la luz del sol, también podrás observar una oxidación lenta... No creas que soy pesado, es que la oxidación es una reacción muy común.

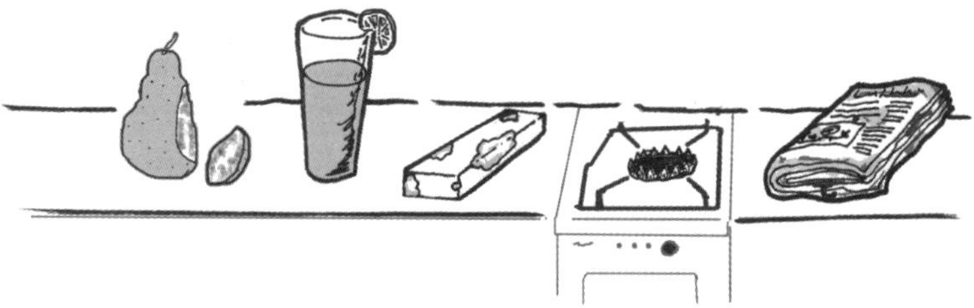

Te cuento una reacción más para que pases un rato divertido.

Experimento ㉒

Si sumerges un huevo en medio litro de vinagre, a las veinticuatro horas este ácido habrá reaccionado y eliminado el carbonato cálcico de la cáscara (verás como salen burbujas de dióxido de carbono) y quedará el huevo simplemente rodeado por una membrana transparente y elástica. Si no la ves transparente, frota un poco con cuidado y eliminarás el residuo que la cubre. Tiene gracia... ahora el huevo «bota».

Reacciones químicas hay muchísimas y es interesante que busques en distintas fuentes y las pruebes, pero es muy importante que tengas cuidado porque los reactivos a veces son peligrosos, otras veces lo serán los productos que se originan. En algunas reacciones se produce calor en gran cantidad, o muy rápidamente (una explosión), a veces los productos contienen gases que hacen que la reacción salpique… en fin, cuando se practica la química, hay que seguir las indicaciones técnicas, ser cuidadoso y contar con la ayuda de un adulto... que sepa lo que hace...

LA MEMORIA DE LAS MONEDAS

La madre de Max no parecía muy contenta.

–Te he dicho que tienes que bajar ahora, necesito la sal para preparar la comida.

Su hermano se hacía un poco el remolón.

–Lo echaremos a cara o cruz, si sale cruz bajo ahora mismito.

Se acercó a un mueble y abrió un cajón, Max contemplaba la escena con un codo apoyado sobre el mueble.

–Esta moneda es especial –dijo su hermano en voz baja con una sonrisa maliciosa– ayer la estuve tirando hasta que conseguí que salieran cinco veces seguidas cara... si la lanzo ahora hay muchas probabilidades de que salga cruz...

«Vaya manera de ocupar el tiempo» –pensó mientras veía cómo su hermano levantaba la moneda «preparada» con veneración.

La cara de su madre era un poema a la resignación. Sin duda, estaba esperando el resultado, fuera cual fuere, para volver a enviarle a por la sal.

Mientras Andrés y su madre se acercaban como dos pistoleros a punto de un duelo, Max cogió otra moneda del cajón y la levantó hasta la altura de sus ojos.

–¿Cuál es tu historia? ¿Cuántas veces has sido lanzada? y, ¿qué resultados han salido?

Su madre y su hermano se volvieron a mirarle, eso hizo que no vieran el matorral seco que cruzó entre ellos bajo el sonido de la armónica...

Ella, como si despertara de un letargo, sacudió la cabeza y dijo:

–Ya está bien de tonterías, ahora mismo te vas a por la sal...

Le agarró por el brazo y tiró de él. Esto pilló de improviso a Andrés, que aún estaba mirando a Max. La sorpresa hizo que soltara la moneda que salió lanzada a lo alto.

–¡Va a salir cruz! ¡Va a salir cruz! –gritaba con desesperación.

En la mente de Max los pensamientos comenzaron a bullir tan rápidamente, que todo empezó a transcurrir a cámara lenta, hasta casi detenerse.

–... y, sobre todo, ¿cómo te acuerdas de lo que te ha pasado, monedita?

–¿Cómo puede esta pequeñina acordarse de las tiradas de ayer?, ¿dónde guarda la memoria?...

–Recuerdo que algo nos hablaron de esto, vamos a ver, sucesos...

–Digamos que hay cosas posibles e imposibles, o probables... Vamos a ordenar todo esto.

La moneda seguía dando vueltas en su camino ascendente.

–Hay sucesos que son imposibles, el resultado del lanzamiento de una moneda no puede ser «tres» o «azul».

–Luego están los sucesos posibles, puede salir cara o cruz.

–Dentro de los sucesos posibles, puede haber unos más probables que otros. En el caso de la moneda, si fuera «normal», debería ser igual de probable que saliera cara o cruz.

–¿Podría un suceso posible ser improbable?... Hmmm.

Los aspavientos de su hermano a cámara lenta en el fondo parecían sugerir más la caída de una bomba que de una moneda. Nuestro amigo cogió un dado del cajón.

–Tomemos este dado, tiene seis caras. Si lo lanzo una vez, hay seis sucesos que son posibles: 1, 2, 3, 4, 5, 6. Si el dado no está trucado, todos estos sucesos tendrán la misma probabilidad de ocurrir.

–Pensemos en otro suceso, «salir 6», si apostásemos a que sale seis y perdiésemos si saliera cualquier otro número... no parece que tengamos mucha ventaja.

–La cuestión es que hay muchas maneras de que no salga «seis»...

–Lo probable de un suceso puede tener que ver con que haya muchas maneras de que ocurra..., el suceso «no salir 6» se puede conseguir si sale 1, 2, 3, 4, ó 5... de cinco maneras distintas... en cambio el suceso «salir 6» sólo se puede conseguir de una... Que salga seis...

La moneda estaba alcanzando su punto más alto.

–Veamos, ¿qué tal si tomamos todos los casos que nos favorecen y lo dividimos entre todos los posibles? Para nosotros... Casos favorables: «salir 6», solamente uno... Casos posibles, «salir 1», «salir 2», «salir 3», etc., en total seis casos posibles.

–Así que tenemos uno dividido entre seis... hmmm... me llevo una... 0,16666....vaya cosa rara...

–Vamos a por un ejemplo más fácil, ¿cuál es la probabilidad de que salga 1, 2, 3, 4, 5 ó 6?... me tiene que salir el 100%...

–Casos favorables... seis. Casos posibles... seis. Seis entre seis... me sale uno...

–Vale, ahora lo veo, no estoy calculando la probabilidad en tanto por ciento, sino en tanto por uno. Lo voy a multiplicar por cien para verlo más claro.

–Otra vez... la probabilidad de «salir 6»... casos favorables... uno, casos posibles... seis. Uno entre seis... 0,1666... multiplicado por cien... más o menos... 17 %. ¡Ahora sí!

La moneda comenzaba su trayecto descendente.

–... un 17 %... de 100 veces que tire el dado, 17 tiene que salir 6... o de 1000 veces que lo tire, 170 tendrá que salir 6...

–... Tendrá... tiene... ¿tiene?... ¿no podría ser que salieran 18 ó 19 de cada 100? ¿Si las primeras 83 tiradas no son seis, tendrán que serlo las 17 últimas obligatoriamente?, o ¿qué pasaría si ese dado ya hubiera sido arrojado antes y hubieran salido ya algunos seis?...

–Esto no cuadra...

–El dado no puede acordarse de su historia precedente...

–Veámoslo de otro modo, si tiro una moneda y salen 3 veces seguidas cara, ¿significa eso que la moneda está trucada?... creo que no... y, ¿si salieran 9 veces seguidas?... tampoco... y, ¿si salieran 500 veces seguidas?...

–Si después de 500 lanzamientos, han salido cara los 500... esto desde luego hace pensar que la moneda está trucada... Pero, ¿es imposible este suceso?... no lo es... es simplemente... improbable...

–A ver... si el historial de sucesos es muy diferente a lo que marca la probabilidad teórica, en este caso 50 % cara y 50 % cruz, eso no significa que ese historial de sucesos sea imposible... simplemente que es difícil que ocurra.

–Y más difícil será, cuantas más repeticiones hagamos. Cuanto mayores sean los números, más extraño será que el historial de sucesos no se parezca a la probabilidad teórica.

La moneda seguía cayendo...

–Hagamos memoria. Cada suceso tiene una probabilidad teórica, según las distintas maneras que tenemos de obtenerlo y la cantidad de casos posibles que haya. Aún así en cada lanzamiento puede darse cualquier suceso por baja que sea su probabilidad, incluso pueden ocurrir seguidos sucesos que sean muy improbables... Lo único que podemos decir es que, si el número de repeticiones es muy alto, será muy «extraño» que el historial de sucesos no se parezca cada vez más a la probabilidad teórica...

Dio un paso al frente y alargó su mano.

–La secuencia de 5 caras seguidas sobre esta moneda, no es un hecho tan extraño, la moneda no tiene por qué «compensar» esto con cruces y, en cualquier caso, esta monedita no guarda ninguna memoria de su historia pasada... Así que la probabilidad de que salga cara de nuevo es... el 50%.

Abrió la palma de su mano y la moneda cayó sobre ella. Toda la escena pareció tomar de nuevo la velocidad normal.

–¡¿Qué ha salido, qué ha salido?! –gritaba con desesperación su hermano desde la distancia.

Le mostró la palma de la mano, y un gesto de fastidio y resignación se dibujó en su cara al desaparecer tras el umbral.

–¡Cruz!... ¡ya me la han estropeado!... tendré que prepararla de nuevo...

Experimento:
Probabilidad

Probabilidad

La historia en particular de la moneda es bastante ilustrativa.

En el fondo habla de lo que se conoce como «La ley de los grandes números», que dice lo siguiente: la frecuencia de aparición de un suceso se parecerá a la probabilidad teórica si el número de repeticiones es alto.

Vamos, que si tiro una moneda un millón de veces, la frecuencia de aparición de «cara» será muy parecida a la probabilidad teórica que sabemos que es 50%.

La manera de que compruebes esto mismo es que hagas algún experimento de probabilidad, la dificultad está en eso de los grandes números...

Hoy en día se hacen muchos con ordenador, pero si quieres podemos intentarlo «a mano».

Podríamos hacer cosas como en vez de tirar una moneda treinta veces, tirar treinta monedas una vez y contar el resultado.

Experimento ㉓

Tira una moneda una y otra vez y apunta lo que va saliendo... hasta que te aburras.

Mira ahora los resultados, el número de caras total será bastante parecido al 50%.

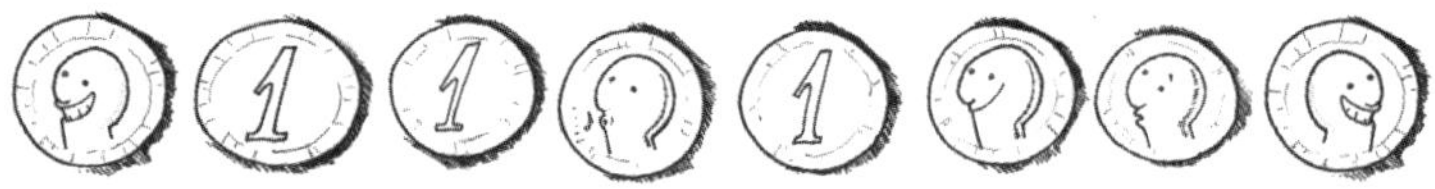

Mira también qué salió después de cada cara y verás que también aproximadamente la mitad de las veces salió cara y la mitad cruz. Porque cada vez que arrojas la moneda la probabilidad de que salga cara sigue siendo el 50%.

Haz también si quieres el experimento con un dado.

Si has hecho pocas repeticiones, no es alarmante una desviación en las frecuencias de aparición.

Si hicieses muchísimas repeticiones y las frecuencias de aparición fuesen muy diferentes de las probabilidades teóricas, es un claro síntoma de que el objeto no es simétrico: el dado o la moneda está «cargado», como se dice en el argot. Al no ser simétrico, la probabilidad teórica no es exactamente igual para cada número o para «cara» y «cruz».

En el texto también Max deduce cómo se calcula la probabilidad de un suceso. Casos favorables dividido entre casos posibles (y por cien, si lo quieres en tanto por ciento).

Es un ejercicio divertido calcular la probabilidad de distintos sucesos y comprobar que estamos en lo cierto, repitiendo el experimento un número suficiente de veces.

Experimento ㉔

Toma dos monedas.

Los sucesos posibles son: dos caras, dos cruces, o una cara y una cruz.

Si nos precipitamos, podríamos pensar que hay tres sucesos posibles y por lo tanto la probabilidad de cada uno es del 33% aproximadamente.

Pero lo que hay que ver son los casos favorables que me llevan al suceso que quiero... Dicho más fácil, ¿de cuántas maneras puedo conseguir cada suceso?

Si piensas en dos monedas distintas (A y B) lo verás muy claro.

Los casos posibles son: A-cara y B-cara, A-cara y B-cruz, A-cruz y B-cara, A-cruz y B-cruz.

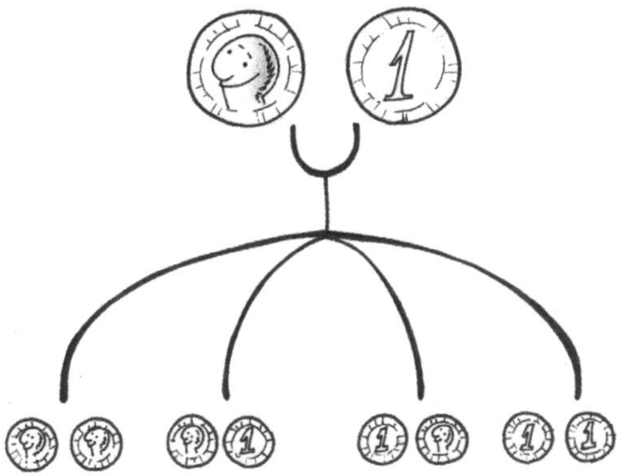

Así que hay dos casos que nos producen cara-cruz. El hecho de que las monedas sean iguales no cambia el hecho de que hay dos maneras de llegar a ese suceso.

De esta forma, para cara-cruz: casos favorables, dos; entre casos posibles, cuatro; por lo tanto, un 50%.

En cambio para cara-cara: casos favorables, uno; entre casos posibles, cuatro; por lo tanto, un 25%.

Cruz-cruz también tiene una probabilidad teórica de un 25%.

Comprueba con repeticiones que las frecuencias de aparición se parecen a estos valores y no al 33% que parecía en un principio.

En el origen del estudio de la probabilidad está, entre otras cosas, las consultas que les hacían los jugadores a los matemáticos sobre distintas jugadas.

Si jugases dinero en el experimento de las dos monedas las suficientes veces, ganarías apostando cara-cruz frente a cara-cara aunque, como ya dijimos, alguien pudiera pensar que eran equiprobables (misma probabilidad).

De todas formas, esto es para hacer ciencia y divertirnos, no para sacarle la «pasta» a los que saben menos que uno…

COMERSE UN FLAN SIN LLEGAR A PROBARLO

Esta vez sólo habían tenido que llamar a Max tres veces para que se sentara a la mesa. Pero desde su punto de vista, esta rapidez estaba a punto de romper los mismos límites de la Física.

–Vamos hijo, que se te va a quedar helado –dijo su madre.

Su hermano ya había terminado el segundo plato, y ahora disfrutaba comiéndose un flan.

–Tráele uno a tu hermano, para cuando acabe.

–Ya no quedan –dijo Andrés sin levantar la vista, como si no fuera con él.

–Pero si había uno para cada uno, ¿no te habrás comido también el otro?

La elocuencia del silencio...

–Bueno, «Nano», no te preocupes. Si calculas la media, dos flanes comidos, dos personas... es como si nos hubiéramos comido un flan cada uno.

Andrés se levantó de la mesa –sólo quedaba nuestro amigo por terminar– y se fue comiendo el flan camino de la habitación, sonriéndose.

No hacía falta mucho más para disparar las neuronas de Max. Se quedó removiendo la sopa con la cuchara mientras sus pensamientos recorrían números y operaciones.

«... el cálculo es correcto. Dos personas, dos flanes: un flan por persona... pero algo falla aquí, porque desde luego el mío me da la impresión de que no lo cato...»

«... esto se parece a lo que dice el "profe de mates": Si sacas un seis y un cuatro, te hago la media y apruebas, pero no pienso haceros la media si sacáis un diez y un cero...»

–No juegues con la comiiiida... ¿No me irás a decir que no te gusta ahora la sopa? –su madre no se daba cuenta de lo lejos que estaban ya los pensamientos de su hijo.

«... aunque la media es cinco en ambos casos... está claro que no es igual una persona que casi aprueba los dos, que uno que sabe una parte a la perfección y de la otra no tiene ni idea...»

–A este muchacho le pasa algo, le dan como «aires» –los diagnósticos médicos de su padre no tenían fama de ser muy precisos.

«... el hecho de que los datos estén más o menos agrupados parece tener importancia, la media de un conjunto no da una idea completa de él...»

–No te preocupes, querida –dijo su padre– nos servimos los demás otro plato, lo llamamos cena y asunto arreglado.

Por fin, Max despertó ligeramente del letargo matemático –uno de los más profundos– y terminó su sopa mientras seguía echándose sus cuentas.

«... podría calcularse cuál es la distancia desde cada dato a la media... slurp... eso nos daría una idea de lo separados que están los datos... slurp... pero manejar todos esos números sería más complicación que lo que aclara... slurp.»

Su madre, asumiendo que seguiría dándole a la cuchara hasta que llegara a la mesa, le quitó el plato de sopa y lo sustituyó por uno con albóndigas.

«... así que tenemos: la media de los datos y las distancias entre cada dato y la media... chomp... son muchos números...

chomp... pero, mirando todas esas distancias podemos saber si los datos están muy separados o no... chomp...»

–No te acerques mucho –dijo el padre–. Como te enganche con el tenedor, estás perdida.

«... y, ¿qué pasaría si calculase algo así como el promedio entre esas distancias?... chomp... ¡sí!, eso debe ser... chomp... así sólo tendré dos números: la media de los datos y el promedio de las distancias entre los datos y la media... chomp...»

–Anda hijo, tómate un helado antes de que a tu hermano le lleguen noticias de que hay... – ella le cambió de nuevo el plato por una tarrina de helado.

«... por ejemplo... schurrlp... si tenemos dos notas; un 6 y un 4, la media será 5... schurrlp... y la distancias entre los datos y la media son 1 y 1... schurrlp... así que el promedio de las distancias es de 1... schurrlp... este conjunto de datos tiene una media de 5 y una «anchura» de 1... schurrlp... es un conjunto bastante agrupado... schurrlp...»

–Y, ¿este es el espermatozoide más listo de todos los que mandé? Pues anda que... –tampoco en sus comentarios sobre biología el padre de Max tenía fama mundial.

«... en cambio... schurrlp... si tenemos un diez y un cero, la media será de nuevo 5... schurrlp, pero las distancias entre los datos y la media son 5 y 5... shcurrlp... así que el promedio de distancias es de 5... este conjunto tendrá entonces una media de 5 y una «anchura» de 5... schurrlp... con esto sí que se ve la diferencia entre los dos grupos de datos... schurrlp.»

Su padre retiró la tarrina de helado y se llevaron todos los platos a la cocina, tan sólo quedaban los cubiertos y los vasos.

Max volvió de su matemático retiro: –Así es... –dijo con satisfacción. Cogió el tenedor miró alrededor con cierto despiste y dijo en voz alta.

–Mamá, ¿cuándo comemos?...

No tardó en oírse un despliegue de términos en diversas lenguas muertas, cuyo dominio sí había hecho mundialmente famoso a su padre.

Experimento:
Estadística

Estadística

La estadística no tiene demasiado buen nombre en la sociedad, pero esto es bastante injusto.

Cuando uno pasea por el planeta no suele encontrar las fórmulas de las leyes naturales grabadas en la corteza de un árbol, o en un papel bajo una piedra... Lo que suele ocurrir es que alguien se decide a tomar un gran número de datos y después intenta encontrar algún sentido en ese conjunto. Ha habido momentos en que la inspiración, la creatividad y una enorme dosis de trabajo han dado como fruto una idea genial que daba sentido a los datos. En otras muchas ocasiones el tratamiento estadístico de los datos ha arrojado luz sobre el significado de las variables y sus relaciones. La verdad es que incluso cuando aparecen ideas geniales, la estadística es una estupenda herramienta.

Su mal nombre no lo debe a esta contribución, como es natural. Lo que ha ocurrido es que personas por ignorancia o por falta de escrúpulos se han aprovechado de la falta de conocimientos matemáticos del público en general y han vestido de estadística lo que en realidad son interpretaciones parciales o directamente malintencionadas de los datos.

En algunos casos parece que la discrepancia entre los datos de distintas fuentes, es debida a la propia dificultad de la medida, y en algunos casos es así, pero también es cierto que usando la estadística conseguimos contar glóbulos rojos y objetos aún mucho menos manejables.

Un término frecuente en estadística es el de *muestra*. Una muestra es una pequeña porción de una población, que elegida al azar y con las precauciones precisas nos permite extrapolar (digamos, generalizar) sus valores al resto de la población. En pocas palabras, si pregunto a 100 personas de una ciudad si lee determinado periódico y me dicen 30 que sí, concluyo que el 30% de la población de la ciudad leen ese periódico. Cualquiera puede ver el riesgo que tiene esto, si escogemos mal la muestra nuestras conclusiones serán incorrectas (¿A cuánta gente hay que preguntar? ¿En qué barrios?). Cuando la muestra no es representativa de la población decimos que está *sesgada*. No es la estadística la que no funciona, sino que si seguimos un procedimiento incorrecto podemos equivocarnos mucho. Unas veces se tiene «mala suerte» y tratamos con una muestra sesgada sin haberlo querido, pero otras muchas se «cocinan» las estadísticas porque los resultados se quieren usar con fines publicitarios para transformar la sociedad y no para conocer cómo es. Por ejemplo, me puede interesar decir que un producto es muy popular, o todo lo contrario, para estimular su compra.

Algo que todo el mundo conoce es la media aritmética, que es como empieza el episodio de Max. Sumo todos los valores y divido por el número de datos. Todos hemos calculado medias de exámenes, repartos de cuentas de restaurantes, etc., pero hay más, hay mucho más. ¿Significa esta historia que la media no sirve? No, significa que la media es una descripción incompleta, y por lo tanto puede dar lugar a interpretaciones incorrectas.

Una primera idea es que la estadística está pensada para trabajar con un elevado número de datos, y es allí donde arroja sus mejores frutos. Si una estadística es buena, podría eliminarse un pequeño grupo de datos al azar y los resultados no deberían variar apreciablemente. Es evidente que con pocos datos, esto no es posible. En conjuntos pequeños nada garantiza que las conclusiones que se saquen sean correctas. Para estas situaciones es mucho más interesante un análisis caso por caso.

Por ejemplo, un padre tiene tres hijos. La media de sus notas es 6, ¿significa esto que con respecto a la educación de sus hijos no se tiene que ocupar de más porque todo va bien? En un caso así, es claro lo poco inteligente del uso de la media.

Imagina una clase de veinte personas. Lo primero que vemos es que cualquier porcentaje que se refiera a ese grupo va de cinco en cinco, porque una sola persona representa un 5% del grupo. Imagina ahora que hay cuatro alumnos de esa clase que por la razón que sea no estudian para un examen. Imaginemos también que el examen es tan sencillo que el resto aprueban. Esta situación arroja un porcentaje de aprobados del 80%. Es claro que seria arriesgado sacar conclusiones sobre la dificultad del examen, el nivel de los alumnos o la capacidad del profesor fijándonos solamente en ese número, sin conocer las circunstancias que han concurrido. De hecho vuelve a no ser tan difícil hacer un estudio caso a caso en un grupo de veinte. En el caso de que el grupo fuera de mil, la influencia estadística de esos cuatro alumnos hubiera sido muy baja.

No es infrecuente que en datos oficiales se muestren porcentajes sobre clases ¡con dos decimales! Cosas como 32,46% en poblaciones de estudiantes donde cada alumno representa, él solo, un cinco por ciento o más. Esos resultados deberían redondearse como mínimo, e incluso no prestarles mucha atención y dedicarse al análisis caso por caso que es lo que corresponde.

Es curioso como estos números con tantas cifras dan una impresión de exactitud, cuando en realidad todos esos decimales son, simple y llanamente, falsos. Es algo así como si tomamos una barra de aproximadamente un metro, pero aseguramos que la tercera parte será exactamente 33,33 cm. ¿Cómo puede ser que siendo el sistema de partida impreciso, conozcamos la tercera parte con la precisión de una décima de milímetro?

Otro error común, muchas veces intencionado, consiste en mezclar distintas poblaciones y comparar porcentajes. Si utilizamos como indicador de riqueza de un país su velocidad de crecimiento, países en vías de desarrollo aparecerían por delante de países claramente con mayor nivel de vida, porque al venir de una situación peor le resulta más fácil crecer en un porcentaje alto. Más claro, ¿quién va mejor en la asignatura, alguien que ha sacado un 9 y después un 10, o alguien que ha sacado un 3 y un 6? El segundo ha mejorado su nota en un 100%, pero el primero, que sólo la ha mejorado en algo más de un 10%, parece que lleva mejor trayectoria, de hecho no podría haber mejorado más.

En televisión hace no mucho estaban dando el número de balones perdidos y número de balones recuperados por distintos equipos en una temporada. El que daba la noticia parecía sorprenderse de que el que más balones había perdido, era el que más había recuperado. Pero, ¿qué sentido tiene esto? Si un equipo no tiene mucho el balón tiene muchas oportunidades de recuperarlo, pero eso no quiere decir que esté jugando bien. Imagina un equipo que siempre tiene el balón... resultaría que el número de balones recuperado sería cero, sería el peor equipo recuperando balones. Una tontería.

Esto no significa que no pueda trabajarse estadísticamente. Por ejemplo, podemos referir los balones recuperados sobre el porcentaje de balones perdidos, y así tendremos un valor con más sentido. Pero en ningún caso basta con un número y ya está... aunque me lo den con quince decimales.

Hay tantos ejemplos... Baste un chiste que hacía un profesor de matemáticas. Decía a sus alumnos: «En el próximo examen quiero que estudiéis tanto que todas las notas estén por encima de la media». Esto es claramente imposible, la media por definición siempre tendrá valores por encima y valores por debajo. Quizá el ejemplo os parezca tonto, pero es habitual que se critique a países, organizaciones, etc. por tener sus valores (los que sean) por debajo de la media. Hay que mirar más allá, es fácil que aproximadamente la mitad de la población esté por debajo de la media, eso no quiere decir nada, habría que ver cómo son esos valores para esos individuos en concreto, si buenos o malos. A veces se hace con intención de fomentar una competitividad insana en la que sólo uno puede ser el primero y los demás son «perdedores».

En el episodio de Max se habla de cómo la media de una población no es suficiente, si no sabemos lo distribuida que está la población, lo separados que están los datos entre sí. En el texto se ponía un ejemplo con un equipo de baloncesto y la media de dos notas, pero hay mil ejemplos más. Uno muy habitual en nuestra sociedad es el del salario medio o la renta per cápita (los ingresos del país divididos entre la población). En ambos casos esos valores pueden ser muy altos en lugares donde las desigualdades sean extremas, consulta tu atlas o la red y verás lo que pasa en países pequeños con grandes yacimientos de petróleo.

población real

persona media

Max propone calcular la distancia entre cada dato y la media de ellos, y luego hacer el promedio de esas distancias. Esto se hace en estadística, pero no es el indicador más común. Normalmente se calculan esas distancias, se elevan al cuadrado, se hace la media y luego la raíz cuadrada. Esto se llama desviación típica (σ) y aunque es más largo de calcular es estadísticamente más interesante. Pero la idea de proporcionar un indicador para la dispersión de los datos es la misma.

Experimento ㉕

El problema de los experimentos estadísticos es que necesitan muchos datos.

Vamos a «generar» una población.

Toma ocho monedas. Si pensamos en lanzarlas al aire y apuntar el resultado las posibilidades son: sacar ninguna cara (ocho cruces), una cara (siete cruces), dos caras (seis cruces), etc. hasta ocho caras (ninguna cruz).

Como la probabilidad de que salga cara o cruz es del 50%, lo más probable será que salgan cuatro caras (y cuatro cruces... ya no lo pongo más, se sobreentiende que lo que no sean caras serán cruces).

¿Significa esto que tienen que salir obligatoriamente cuatro caras? Ya vimos que no en el capítulo sobre probabilidad. Lo que hoy nos preguntamos es: si cien personas hacen el experimento de lanzar las ocho monedas, ¿cuántos de ellos obtendrán cada uno de los distintos resultados? Hoy estamos interesados en saber cómo se distribuye esa «población».

Necesitarás una hoja de cuadros. Escribe los resultados posibles como te indica la figura.

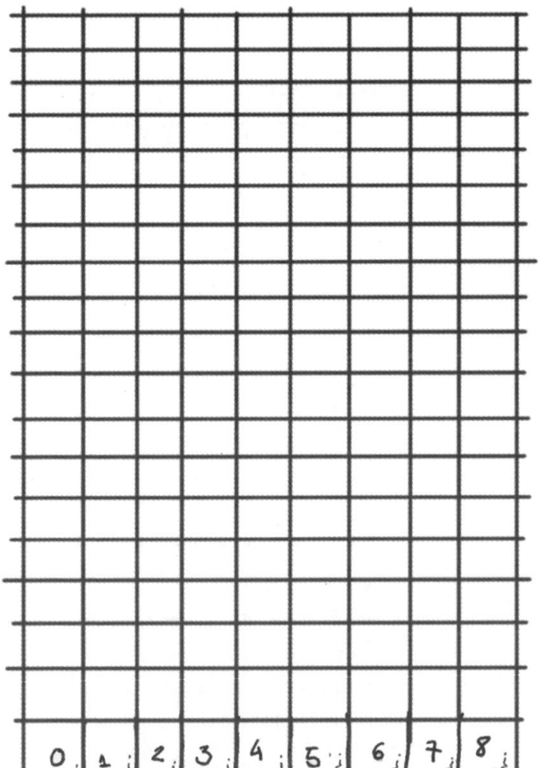

Ahora lanzaremos las ocho monedas y contaremos… a mí me salen dos caras. Así que marco el cuadrito encima de donde pone «dos caras».

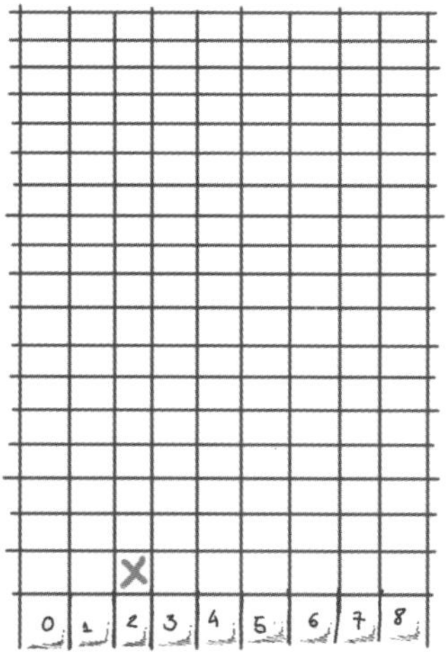

Ahora soy otra persona, lanzo las monedas de nuevo… me salen cinco caras. Marco el cuadrito encima de donde dice «cinco caras».

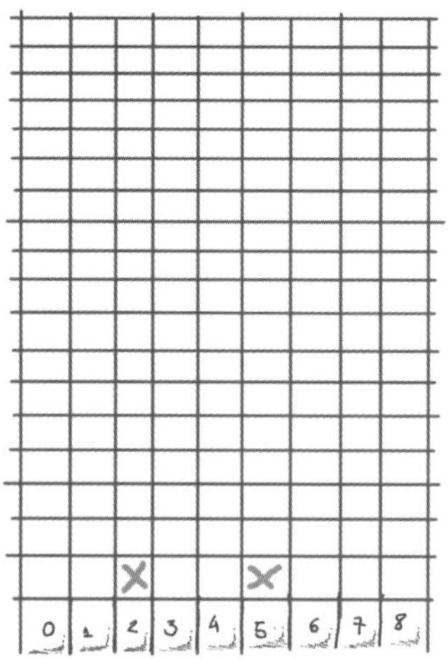

Cuando se repita un resultado, no hay más que marcar el cuadrito de encima y seguir así tantas veces como quieras. Imagina que me han salido otra vez cinco caras.

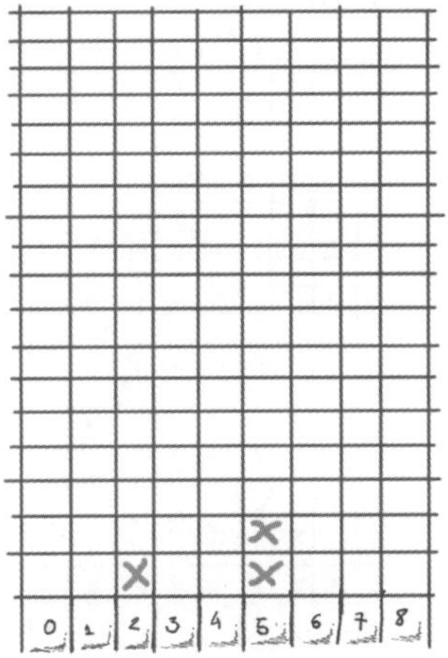

Al principio te parecerá que los cuadritos se reparten al azar, pero pronto las columnas centrales empezarán a crecer más que las otras.

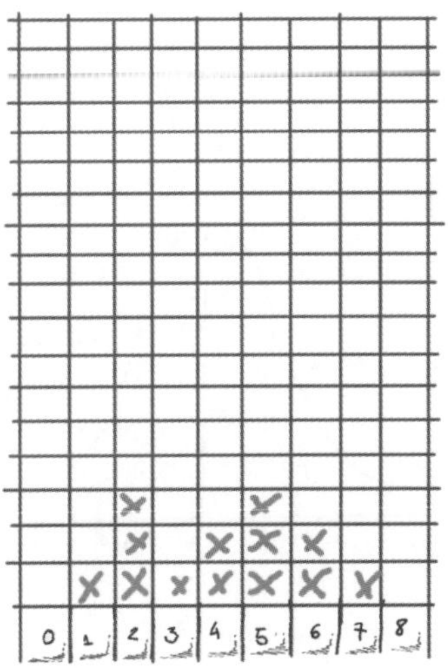

Al aumentar el número de repeticiones el dibujo resultante empieza a tomar forma de «campana». Dependiendo del azar puede que tarde más o menos, pero sigue, insiste y sin duda lo conseguirás.

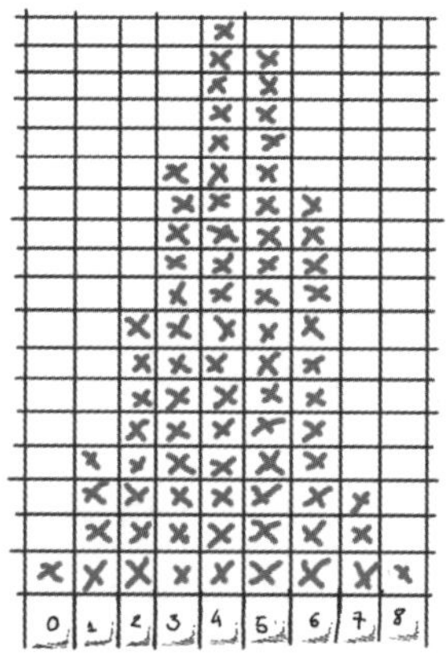

Esta manera de distribuirse los datos representa aproximadamente lo que se llama «la campana de Gauss» o «distribución normal» y aparece en las más variadas situaciones.

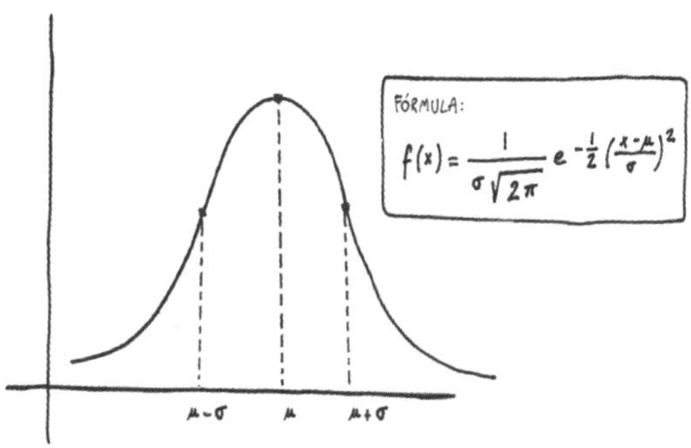

Si hubieras hecho el mismo experimento con la altura de cien personas te hubiese salido la misma forma, más o menos «estrecha», según lo dispersa que sea la población con la que trabajes. Hay otros muchos ejemplos, con otras características de personas o grupos sociales, pero también con estadísticas sobre partículas o sistemas biológicos. Por eso la llaman «distribución normal»... es de lo más corriente. Hay gente que lo hace por diversión... buscan tablas con datos de las cosas más peregrinas, los representan en un gráfico y... ahí está de nuevo, «la gaussiana».

Aun siendo muy común, no es la única distribución posible. Será el conocimiento de la dinámica que sigue la variable que estamos estudiando en la población que consideramos, el que nos dirá qué distribución es la más adecuada. En caso de que no se sepa, se puede directamente medir los datos y ellos mismos se agruparán «naturalmente» según su comportamiento. Esto es lo fantástico de la estadística, consigue información y relaciones entre datos cuya dinámica interna desconocemos.

Sin duda, donde más falla la aplicación de la estadística es en los datos de la sociedad. Incluso con buena intención es muy difícil no tomar una muestra sesgada o encontrar relaciones entre variables que en realidad no existen.

En el campo científico, en el que las muestras consisten en partículas o sistemas que pueden prepararse con bastante eficiencia y se trabaja con grandes números, la estadística es una apreciada herramienta.

Finalmente, creo que el mejor experimento consiste en que andes con mucho ojo con el uso que se hace de la estadística «contra ti» como espectador, lector, o simplemente ciudadano, y que tú la utilices con inteligencia cuando la necesites.

0,8%
1%
5%
100%
2000/00
40%
63%
3%
7%

¿QUÉ HABÉIS HECHO?

Desde cualquier punto de la casa podía oírse la voz de su padre saliendo del cuarto de baño.

–¡Se mata uno a trabajar...! ¡Después de que he dado la vida por mis hijos...!

–Niños, ¿qué le estáis haciendo a vuestro padre?

–Na' mamá, es que cuando entra «el Nano» al baño ya no hay quien se atreva en la hora siguiente –dijo Andrés desde su cuarto.

–¡Pues mira que...! Anda no exageres cariño, que son chiquillos....

Unas expresiones y rezos en lenguas que, ya hacía tiempo habían caído en desuso, se escuchaban ahora apagados tras la puerta del baño.

–Desde luego «Nano», tú siempre dando lo mejor de ti...

Max no le hizo mucho caso y siguió con sus cosas.

La madre entró en el cuarto de los hermanos.

–¡Buf!, aquí hay una peste que no hay quien pare... No sé cómo aguantáis. Abrid un poco...

Los dos chicos se sentaban en sendas mesas por la que estaban distribuidos sus apuntes de clase.

–Ya estáis limpiando esto un poco.

Max recogió calcetines, zapatillas, ropa del día anterior, y algunas otras prendas que quizá hubieran podido ir a la lavadora por su propio pie.

Se dio cuenta de que no había estado percibiendo ningún olor en particular desde hacía bastantes minutos. Sólo ahora, poniendo toda su atención y con dificultad, podía distinguir los olores de las prendas que llevaba en las manos.

–Es curioso que al cabo de un rato ya no olamos... –le dijo a su hermano.

–No lo dirás por ti... porque cada vez que vas al baño, llaman los de «Seguridad Nuclear» por si hay radiaciones dañinas...

Estaba claro que no era el momento para entablar una discusión científica. Salió de la habitación y fue a la terraza. Dejó la ropa en la lavadora y al inclinarse sobre los tiestos pudo notar el aroma de las diferentes flores, después se apoyó sobre la barandilla y fue capaz de diferenciar el olor de los coches, la «fritanga» del bar de la esquina...

Cerró los ojos y empezó a separar los distintos sonidos, la gente, la circulación, la televisión al fondo, los vecinos... Era curioso que pudiera distinguir sonidos que, hasta que no les prestaba atención, parecían no existir. En ese momento pasó un avión y ocultó momentáneamente las demás señales.

–Es alucinante que un sonido tan intenso no me rompa los tímpanos, puedo adaptar mi oído a un motor a reacción, un concierto de rock o a oír un susurro...

–Mamá, llama a los del Nobel, que el de Medicina este año va a ser p'al Nano.

Su hermano acababa de llegar a la terraza.

–¿No te parece curioso que podamos distinguir diferentes olores en el mismo aire, o voces diferentes en un mismo sonido? ¿O que podamos adaptarnos a intensidades tan altas o bajas?

–Sí, «Nano», sí. Lo llamamos inteligencia, pero no te preocupes, que nunca es tarde... aunque ya casi habíamos perdido la esperanza contigo.

Le dio una palmada en el hombro y se marchó sonriendo de nuevo hacia su cuarto. Al pasar por delante del baño, tocó en la puerta mientras decía: «De parte del Nano, que buen provecho». Del otro lado llamaron de nuevo «a oración».

Nuestro amigo estaba ahora jugando con su vista, enfocando a diferentes distancias y probando sus límites.

–¿Se saturará también la visión si la dejo enfocada en un mismo punto?

Max salió de casa a dar un paseo y a «degustar» toda la información y sensaciones que le regalaban sus sentidos.

Experimento:
Los sentidos

Los sentidos

Nuestro cerebro recibe la información de los cinco sentidos de los que se habla comúnmente y de muchos otros detectores que hay extendidos por la piel y por el interior del cuerpo. Esos detectores son células que ante algún estímulo exterior (calor, presión, productos químicos, luz...) producen impulsos eléctricos que viajan por los nervios hasta alcanzar el cerebro.

La sensación que tenemos tiene que ver con el impulso que viene del detector y con la interpretación que nuestro cerebro hace de él.

Lo primero que hay que decir es que son fantásticos, estupendos, geniales, y que responden a estímulos muy variados. La verdad es que disponemos de muchísimos datos del mundo que nos rodea y del interior de nuestro cuerpo. Parte de la información la manejamos conscientemente, pero una enorme cantidad es procesada de manera inconsciente.

Los detectores y los órganos sensoriales son extremadamente adaptables, de esta forma podemos hacer frente a estímulos de muy diferente intensidad sin que la sensación sea insoportable. Digamos que no funcionan proporcionalmente: al doble de estímulo, doble de sensación. Cuando el estímulo va creciendo, la sensación va aumentando a un nivel mucho menor, con lo que nuestro rango de impulsos detectables y a la vez tolerables es muy amplio. Por eso podemos oír un susurro y el ruido de un avión, ver en la casi oscuridad y mirar el fuego.

Por otra parte ante la persistencia de un estímulo se produce la saturación, la sensación disminuye incluso desaparece en algunos casos. Como supongo que no lees estas líneas desnudo... piensa ahora si hace un momento notabas las costuras de tu ropa, los elásticos de tus calcetines. Quizá ahora puedas hacerte consciente, pero hasta hace unos segundos no lo eras.

Y, además de todo esto, está la enorme capacidad del cerebro para trabajar con estos datos.

Experimento ㉖

Explora tu mundo. Escucha, separa los sonidos, verás como eres capaz de entender una conversación entre el ruido del tráfico. Sal a la calle y date cuenta de la cantidad de sonidos que puedes aislar y procesar por separado. Mira, enfoca lejos, cerca. Practica con tu tacto. Sabrás que los ciegos son capaces de distinguir detalles minúsculos con sus dedos, tú también tienes latente mucha sensibilidad que no utilizas. Entrena tu olfato, aprende a distinguir los componentes de cada olor, aprende olores nuevos...

También hay multitud de ilusiones ópticas, juegos usando distintos sentidos: con los ojos tapados, distinguir cosas sólo con el olfato o el tacto; incluso ilusiones auditivas... Búscalos en libros, en la red. Lo importante es que desarrolles tu atención y aumentes la conciencia con la que percibes el mundo.

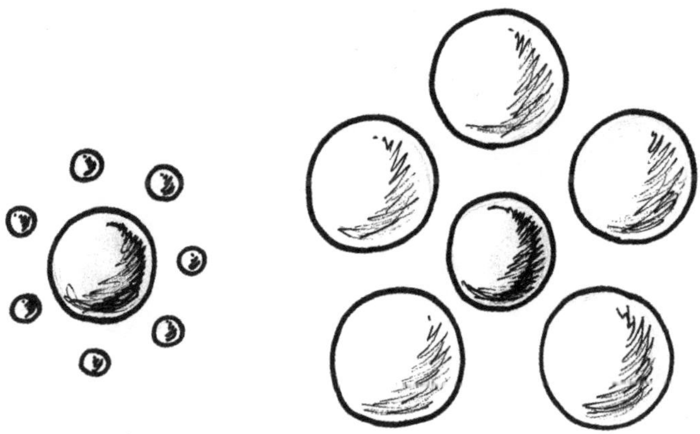

los dos círculos centrales son exactamente de la MISMA MEDIDA

Por otra parte, atiende los mensajes de tu cuerpo. Sus «bienestares y malestares» dan información de cómo se encuentra, aprende a reconocer sus mensajes y a tratarlo bien. Te servirá mejor.

No olvides que el cerebro está al final de la cadena, hay muchas cosas que dependen de él. Habrás visto a esos fakires que son capaces de controlar el dolor usando la concentración y la respiración. No queremos llegar a esos extremos, pero sí que tomes el control de tus sentidos y no te dejes gobernar por ellos. Por un lado afínalos para obtener la mayor cantidad de información y disfrutar de las delicias del mundo, por otro lado controla tu respiración y tu calma en momentos de dolor o malestar y verás cómo se atenúan.

EL CUBO DE HIELO

Fue una alegría coincidir con Tomás. Aunque diferentes, Tomás y Max compartían aficiones, maneras de pensar... En algunos sitios eran el conjunto Tomás-Max, sin que se supiese dónde empezaba uno y acababa el otro.

Como tantas otras veces, se habían visto sin haber quedado, y como tantas otras veces tenían cien mil cosas que contarse... Les gustaba creer por eso se habían encontrado.

Era sin duda uno de sus mejores amigos. Se podían pasar horas y horas hablando de lo divino y de lo humano o simplemente esclareciendo cualquier cuestión sin la menor importancia. Pensar y discutir ideas era de lo más entretenido...

–Vamos a mi casa, llevamos ya una hora parados en medio de la calle...

–Siempre nos pasa lo mismo –dijo Max, mientras se encaminaban a casa de su amigo.

La madre de Tomás quería mucho a Max y les recibió encantada. Pasaron al cuarto de Tomás y se sentaron a ambos lados de una mesa. Les preguntó si querían alguna cosa.

–Una naranja y un limón, y no nos eches mucho hielo, por favor –pidió Tomás sin preguntar a su acompañante, otra elección hubiera sido sorprendente.

Ella volvió con las bebidas y dejó las latas y los vasos con un solo hielo sobre la mesa. Se despidió con una caricia a los chicos y les dejó con sus cosas...

Nuestro amigo comenzó a servir el refresco despacio y, como impulsado por una fuerza irresistible, fue llenando el vaso hasta que no cupo una gota más de líquido. El cubo de hielo flotaba dejando una pequeña parte sobre la superficie.

–¿Quieres que terminemos la tarde limpiando?

–¿Qué pasa? No lo he tirado –protestó Max.

–Es sólo cuestión de tiempo, en cuanto se derrita el hielo se derramará.

Levantaron la vista y los dos se miraron fijamente durante un segundo.

–¿Seguro? –preguntó Max con media sonrisa.

La pausa hizo que él también lo dudara. ¡Un nuevo desafío!

–Pronto lo veremos –dijo Tomás aceptando el reto.

Movieron con cuidado el vaso hasta que quedó entre ellos y, como si de una partida de ajedrez se tratara ambos cruzaron sus brazos, se apoyaron sobre la mesa y clavaron su vista en el «campo de batalla».

–Veamos –dijo su amigo–. Principio de Arquímedes: «Todo cuerpo sumergido en un fluido experimenta un empuje igual al peso del líquido desalojado».

–Eso es. Este pequeñín está desalojando el agua que había en el «hueco» que ahora ocupa la parte que está sumergida.

–Sí, un poco más del 90% del volumen total del cubo. Y se ha quedado ahí.

–Eso quiere decir que está en equilibrio, vamos que el empuje que recibe es igual al peso del cubo. El empuje tira hacia arriba y el peso hacia abajo...

La madre de Tomás les observaba de pie al lado de la mesa; traía un plato con almendras.

–¿Le pasa algo al vaso? –dijo divertida.

–No, no se preocupe, gracias –dijo Max mientras cogía el plato y lo ponía a un lado.

Ninguno de los comió nada. Nuestro amigo volvió a adoptar la posición original, a su acompañante sólo le hizo falta volver a bajar la vista, y de nuevo quedaron como dos esfinges mirando al asustado cubo «peregrino».

Ella sacudió la cabeza sonriendo.

–¡Qué muchachos! Siempre con sus experimentos…

–¿Dónde estábamos? –dijo una de las esfinges sin retirar la vista del cubo de hielo.

–Este pequeñín está en equilibrio, recibe el mismo empuje que su peso.

–De acuerdo, y el empuje es el peso del agua que ocupaba el espacio que ahora ocupa el hielo sumergido.

Las esfinges asintieron y callaron por un segundo. El cubo de hielo iba derritiéndose lentamente, probablemente por la intensidad de las miradas...

–Así que el hielo pesa menos que el agua. El peso de todo el cubo resulta compensado por lo que pesaría el 90% del cubo si fuera de agua.

–Pero... ¡es agua!

–No agua-líquida.

Silencio de nuevo.

–Vale, resumamos –dijo Tomás–. El hielo pesa menos que el agua líquida, por eso flota. Además el mismo volumen pesa como un 10% menos, así que esa es la parte que sobresale de la superficie. Con esto podemos decir que el peso del cubo de hielo completo es igual a lo que pesaría la parte sumergida si fuera de agua-líquida.

–Estamos de acuerdo, pensemos ahora qué pasará cuando se derrita.

Silencio de nuevo.

–Imaginemos a un cubo de hielo sobre una balanza. La balanza marca 10 gramos. Cuando se derrita, ¿seguirá la balanza marcando lo mismo?

–Creo que vas por buen camino –dijo Max–. Las moléculas de agua son lo que son y no importa cómo se coloquen o que la sustancia esté en estado sólido o líquido, allí siguen todas. Yo creo que la cantidad de «agua» sigue siendo la misma y por lo tanto tendrá que pesar igual.

–Sí, eso me parecía a mí. Lo que ha cambiado es el volumen, esos 10 gramos de agua ocupan más espacio en forma de hielo que de agua líquida, cuando se derrita «encogerá» –mientras hablaba, Max asentía. Sus pensamientos iban casi paralelos.

–Volvamos al vaso –prosiguió–. Cuando el cubito se derrita su peso será el mismo que al principio, que resulta ser...

–... ¡igual al que pesaría la parte sumergida si fuera de agua-líquida!

–... que es precisamente en lo que se convertirá el hielo cuando se derrita...

–... por lo tanto la nueva agua-líquida, ocupa menos espacio y «cabe» perfectamente en el «hueco» que dejará la parte sumergida del cubito.

–¡No va a derramarse! –gritaron al unísono.

–Shhhh.... –la madre de Tomás se asomó a la puerta–, no arméis follón que tu hermanito está durmiendo.

La pareja se disculpó con un gesto y volvieron a mirarse entre risas. Movieron el vaso a un lado y pusieron las almendras en el centro de la mesa. El asunto había sido resuelto. Comenzaron inmediatamente otra discusión que nada tenía que ver con el agua o el hielo, interrumpida solamente por el crujir del aperitivo. El título: «¿Están vivas las almendras?»

A un lado el pequeño cubito de hielo siguió obediente las leyes de la Física, sin que nadie le prestara ninguna atención ni se lo agradeciera. No se lo tomó a mal, eran millones de años haciendo lo mismo una y otra vez y, solamente desde hace algunos años, estos mamíferos peludos comenzaban a reparar en ello.

Experimento:
Cambios físicos. Cambios de estado

Cambios físicos. Cambios de estado

En otra parte hablamos de los cambios químicos, lo que llamamos reacciones químicas. Ahora hablaremos de los cambios físicos, nos centraremos en los cambios de estado.

En los cambios físicos la sustancia sigue siendo la misma antes y después. El agua líquida se puede evaporar o congelar pero sigue siendo agua. Es cierto que algunas propiedades han cambiado pero, en su composición, la sustancia sigue siendo la misma.

En los cambios de estado hay propiedades que cambian de manera brusca. En el caso del agua que se congela, hay una variación del volumen. El agua congelada ocupa más espacio que el agua líquida. Este cambio de volumen es frecuente en las demás sustancias... pero, al revés. Normalmente la fase sólida ocupa menos volumen que la fase líquida. Por esto el caso del agua es conocido como «dilatación anómala del agua».

Experimento ㉗

Llena una botella pequeña casi por completo de plástico y congélala. Cuando se haya formado todo el hielo la botella estará deformada para poder acoger el volumen aumentado. Si haces esto con una botella de cristal estallará. ¿Es necesario decir que creas que estalla sin probarlo?

En las zonas muy frías vacían las cañerías cuando no van a ser usadas durante mucho tiempo, o bien dejan los grifos ligeramente abiertos para que el agua fluya y no se congele dentro de las tuberías, porque las romperían.

En la montaña o en zonas muy frías, el agua se filtra por rendijas de las rocas y al congelarse hace un efecto de cuña y las rompe.

Quizá estés ahora pensando en qué pasa con aquello que cuentan de que debido al deshielo de los polos y de los glaciares el nivel del mar va a aumentar... según la historia que hemos leído, quedaría igual. Pero no tan rápido, no debemos dejar de preocuparnos. Mucho de ese hielo que se está derritiendo no está flotando en los océanos, sino sobre la tierra. Si se derrite y fluye al océano es un aporte nuevo de líquido y por tanto aumentará el nivel.

Experimento ㉘

Por supuesto, no dejes de probar el experimento que hacen Max y su amigo. Por mucho que lo sepamos, no deja de ser sorprendente verlo.

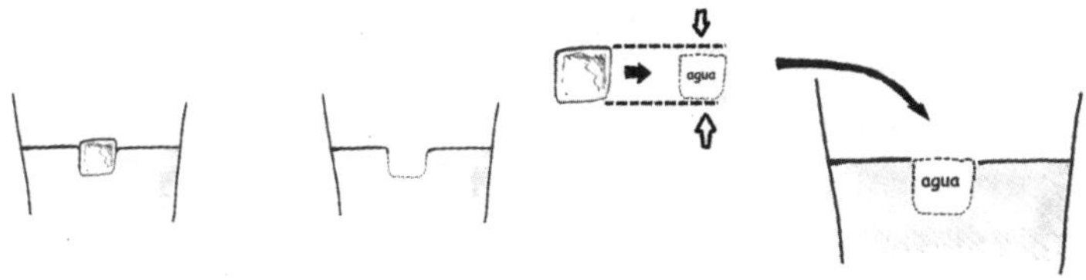

Hay otros aspectos interesantes en los cambios de estado. Por ejemplo, durante el cambio de estado la temperatura permanece constante.

Tenemos un trozo de hielo a -5°C, comienza a calentarse y va subiendo su temperatura hasta los 0°C. Pero ahí la temperatura deja de subir aunque se siga aportando calor, este calor se invierte en fundir el trozo de hielo. Cuando el hielo está totalmente fundido se empieza otra vez a invertir el calor en subir la temperatura hasta que se llega a 100°C, en ese momento la energía que se aporta se invierte en vaporizar el agua hasta que toda está convertida en vapor. A partir de ese ahí la energía que se le comunique se invertirá en elevar la temperatura del vapor.

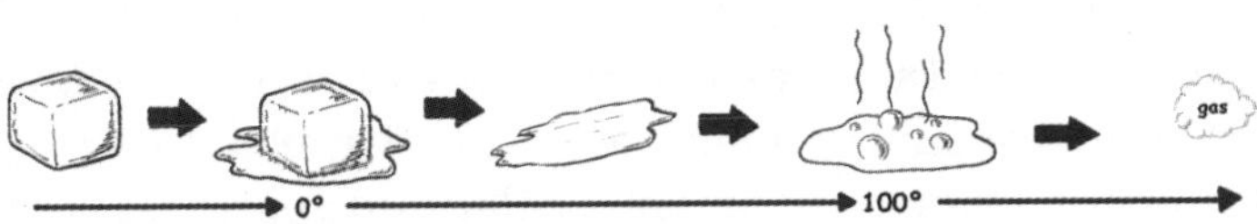

Las temperaturas a las que suceden estos cambios dependen de la presión a la que se esté. En este caso estamos hablando de la presión atmosférica estándar, 1 kg/cm^2.

¿Qué pasa si disminuimos la presión atmosférica? ¿Hervirá el agua a más o a menos temperatura? El agua permanece líquida porque la presión atmosférica no permite que las moléculas pasen al aire (salvo en pequeña cantidad, por evaporación). El calor que hay que suministrar agita las moléculas y las separa de la atracción de sus compañeras en el líquido. Si la presión es menor necesitará menos energía y, por lo tanto hervirá a menos temperatura. Si tienes un termómetro que mida temperaturas tan altas (los convencionales de mercurio para la fiebre no sirven) puedes comprobar a qué temperatura hierve el agua cuando estés a nivel del mar o en una ciudad a más altura. Algunas personas que viven a mucha altura (tres o cuatro mil metros sobre el nivel del mar) cuentan que pueden beber el agua hirviendo, porque está a mucho menos de 100°C... Seguro que está a menos de esa temperatura, pero que se pueda beber sin quemarse... No lo intentes tú.

Experimento ㉙

Cocina (o pregunta a quien lo haga en casa) la misma comida en una olla a presión y en una olla abierta. Verás que en la olla a presión la cocción es más rápida.

Al estar la olla cerrada, el vapor que va saliendo aumenta la presión dentro de la olla y por lo tanto la temperatura del agua subirá hasta una nueva temperatura de ebullición más alta. De esta forma los alimentos se cocinan a alta temperatura y tardan menos en estar listos.

En la olla abierta, por mucho calor que aportes, la temperatura máxima será de 100°C, a partir de ahí comienza la ebullición y la temperatura se mantendrá constante.

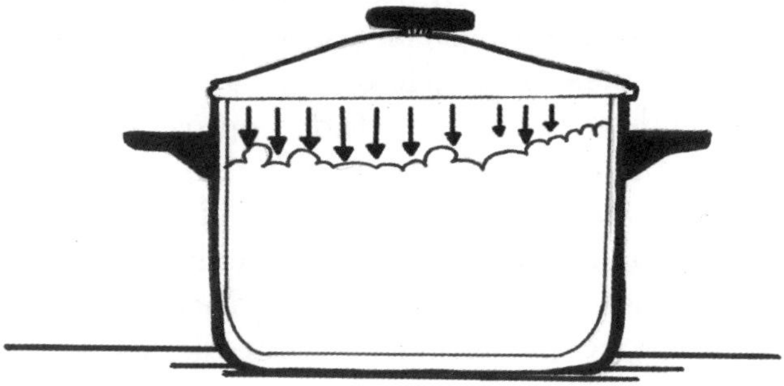

Hay una característica de los cambios de estado que no es tan conocida, se llama histéresis. No fácil de experimentar, lo primero porque la pureza de la sustancia es bastante crítica para observarla, y lo segundo no se suele disponer en casa de sistemas para calentamiento o enfriamiento muy controlados.

Consiste en que si lo haces muy despacio y la sustancia es pura, puedes bajar por debajo del punto teórico de congelación y que la sustancia permanezca líquida, o subir por encima del punto de ebullición y que tampoco se convierta en vapor. Estos estados son muy poco estables (*metaestables*) y con pequeñas perturbaciones (una mota de polvo por ejemplo) se rompen y la sustancia o bien se congela o ebulle según el caso.

ANTI-Experimento 30

Sí, lo que quiero es que *no hagas esto*, bueno más bien que no te pase.

Si pones un vaso de agua en el microondas y lo calientas, puede ser que hayas pasado por el punto de ebullición pero que el proceso haya sido tan «suave» que estemos en ese estado metaestable. Simplemente con el movimiento que le imprimes al sacarlo o al echar una cucharada de azúcar puedes romper ese estado y empezará a burbujear echándote por encima agua a 100°C. Hace «pupa», así que ten cuidado. Lo aconsejable: no calentar tanto el agua o hacerlo ya habiendo echado el azúcar. Si tienes mucha curiosidad de verlo, busca en la red los vídeos de gente que lo ha hecho en condiciones controladas.

Experimento ㉛

Puedes intentar buscar la histéresis en el punto de congelación y así no nos quemamos. Aunque ya te advierto que la dificultad experimental hace que no sea fácil que salga.

Pon una botella de plástico en el congelador. Sácala con cuidado cuando esté muy fría pero aún no se haya congelado (en mi frigo, algo más de una hora). Ahora golpea la botella contra el suelo con fuerza y sin soltarla. Si has tenido suerte, se congelará inmediatamente.

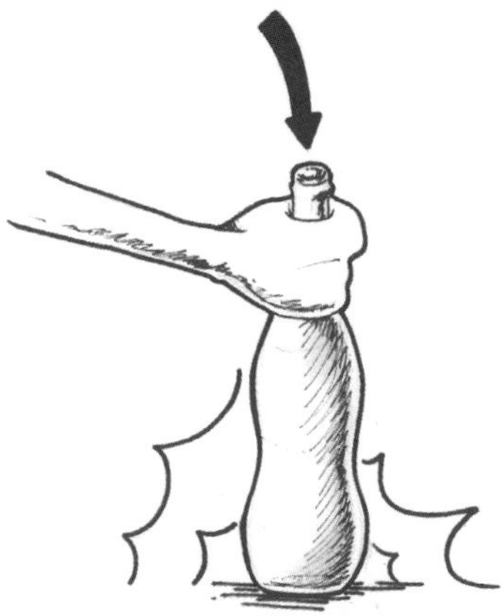

Por último contarte que existe un concepto más general que el de cambio de estado, llamado cambio de fase. En eso se incluyen otras transformaciones de la materia. Un ejemplo es el cambio de conductor o aislante a superconductor cuando se baja de cierta temperatura (extremadamente baja) en algunos materiales.

¿DE QUÉ COLOR SON LAS COSAS?

Se despidió de su amigo y acabó como tantas veces en la biblioteca.

En contra de la opinión general la biblioteca para Max era un lugar divertido. Le encantaba curiosear por las estanterías, consultar las fichas, la base de datos... Otro pasatiempo al que le gustaba dedicar el tiempo era mirar a la gente, qué cosas leían, qué estudiaban...

No era Max precisamente de los que desprecian la tecnología y era todo un experto navegando por la red. A pesar de eso, le encantaban los libros, tenerlos en las manos, el tacto del papel, fantasear con los conocimientos que se guardaban en las estanterías, encontrar ejemplares raros o antiguos, imaginar quién pudo haberlos leído antes y cómo influyó en sus vidas... le gustaban tanto que solía regalarlos, aunque a juzgar por las caras de los demás, no era una afición compartida por mucha gente.

La bibliotecaria era una joven muy simpática que siempre estaba organizando actividades; talleres de escritura, de lectura, encuentros con escritores, etc. De vez en cuando te sorprendía recomendándote algún libro, y lo que no era sorprendente es que diera en el clavo con tus gustos... Así era ella.

Aquel día, nada más entrar, le dijo que en las estanterías del rincón del fondo, encontraría aquel libro que le había estado pidiendo todo el mes anterior. Nuestro amigo estaba más que contento y, dándole las gracias, se dirigió hacia allí. Era una zona a la que no llegaba bien la luz de las ventanas, aún así no se veía mal gracias a una lámpara que colgaba de la pared.

Conocía bien la cubierta del libro, pero no conseguía ver su brillante color azul entre los demás. Después de algunos segundos, volvió su mirada hacia el mostrador de la entrada para pedirle alguna indicación más a la bibliotecaria, pero se topó directamente con ella, que se había acercado al ver que no podía encontrarlo.

–¿No lo ves? –dijo ella.

–No, te iba a preguntar si seguro que estaba aquí.

–Ya veo que ni siquiera tú te molestas en mirar el tejuelo, aunque yo me moleste en colocarlos.

El lomo del libro parecía marrón cuando lo cogió en sus manos y se lo dio.

–¿Es otra edición? La anterior tenía la cubierta azul –dijo, mientras miraba el libro por ambos lados.

–Sólo ha habido esta edición... Es azul.

Ella cogió el libro y se acercó a una de las ventanas, el libro ahora se veía de color azul brillante.

–Parecía marrón...

–Bueno, yo diría... que la cubierta no es de ningún color en particular..., ¿no se supone que vemos la luz que se refleja en ella? Depende de la luz con que ilumines el libro, el color que percibas será diferente.

La bibliotecaria le guiñó un ojo y se volvió al mostrador. Nuestro amigo quedó pensando un momento y volvió a la estantería. Durante los siguientes minutos anduvo de la ventana a la estantería con unos libros y otros, aunque no llegó a abrir ninguno...

Experimento: La visión y el color

La visión y el color

La visión es una cosa bien curiosa. Estamos tan acostumbrados a usarla que hemos perdido cierta perspectiva sobre su funcionamiento.

Es en el cerebro donde la ciencia nos dice que procesamos la información y tenemos las sensaciones de frío, calor, el tacto o el olor y, por supuesto, la visión. Indaguemos en su funcionamiento:

Los ojos tienen la forma de una pequeña esfera, lo que llamamos el globo ocular. La parte anterior del globo ocular es un sistema de enfoque, como un objetivo fotográfico. Con el tamaño de la pupila regulamos la cantidad de luz que entra y con una «lente» deformable (el cristalino) conseguimos un buen enfoque sobre la retina, que es el auténtico órgano receptor de la luz, y se encuentra en la parte posterior interna de la esfera. Está compuesta por millones de células que reaccionan a la luz; los conos y los bastones. Los bastones están especializados en detectar la intensidad de luz, mientras que los tres tipos de conos nos proporcionan información sobre el color. Las células de la retina producen impulsos eléctricos que viajan por el nervio óptico hasta el cerebro donde son interpretados como formas, tamaño e incluso, combinando los datos de ambos ojos, información tridimensional.

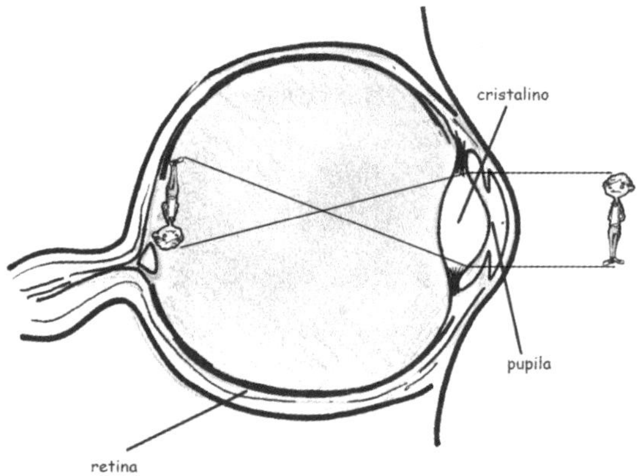

Todo esto es muy interesante y quizá ya conocieras gran parte de ello, pero en lo que ahora quiero que te fijes es que todo no estás procesando el «objeto» que dices ver, sino la LUZ.

Lo que tu ojo detecta y lo que tu cerebro interpreta es la información de la luz que te llega. Cómo lo hace tiene que ver con el objeto que la ha reflejado, claro, pero también con las características de la luz que lo ilumina y con el camino que recorre hasta tu ojo, a través del medio en que estás inmerso, normalmente aire.

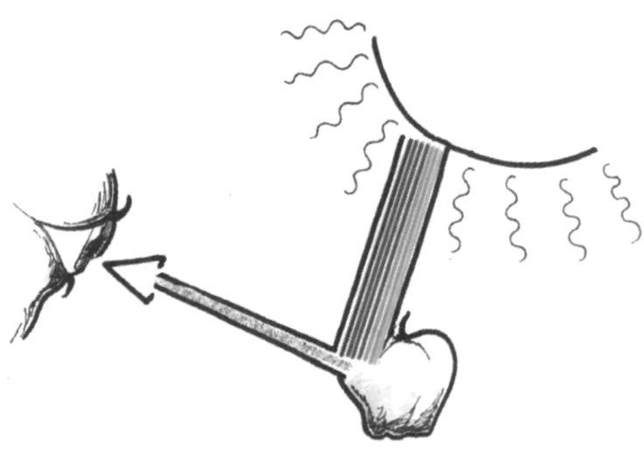

Experimento ㉜

Escoge varios objetos de colores distintos: pequeños trozos de tela, canicas, miniaturas de plástico, etc. Es interesante que algunos sean de los colores primarios luz: rojo, verde y azul.

Vamos a mirar estos objetos bajo distintas condiciones de iluminación, explora todas las que quieras, nosotros te proponemos por ejemplo:

–Luz solar. Día soleado.

–Luz solar. Día nublado.

–Bombilla incandescente.

–Bajas condiciones de iluminación.

–Luz halógena.

–Luz fluorescente.

–Bombillas de colores, si las tienes. Estupendo también si fueran de los colores primarios luz: roja, verde y azul.

Con los que no se estropeen al mojarlos puedes probar además, a meterlos en un bol transparente, y llenarlo de agua.

También puedes experimentar con otros medios que tengan cierta transparencia: «mancha» el agua. Echa algunas gotas de leche o café, o de zumos de distintos colores y verás como el medio también influye en el color que percibes.

Curioso, ¿verdad?

Pensemos en lo que hemos visto, desde luego la sensación visual que tenemos en cada caso es distinta, pero también es cierto que la naturaleza de los objetos hace que podamos distinguirlos entre sí, los objetos también influyen, por supuesto.

Pensémoslo de manera abstracta, la luz llega a un objeto y digamos que pueden suceder tres cosas: O la deja pasar, o la refleja-dispersa o la absorbe. Lo mismo que haces tú al llegar a un sitio... o te vas, o te quedas o te vuelves. Sentido común, ¿no?

En la práctica, no ocurre sólo una de estas tres cosas sino un poquito de cada. Aunque el porcentaje transmitido, absorbido y reflejado debe sumar el 100%.

Un objeto que absorba el 90%, refleje el 8% y transmita el 2% será... una bola negra, por ejemplo.

Un objeto que absorba un 5%, refleje el 10% y transmita un 85% será... una ventana.

En cambio un objeto que absorba un 10% refleje el 85% y transmita un 5% pues tiene la pinta de... un espejo.

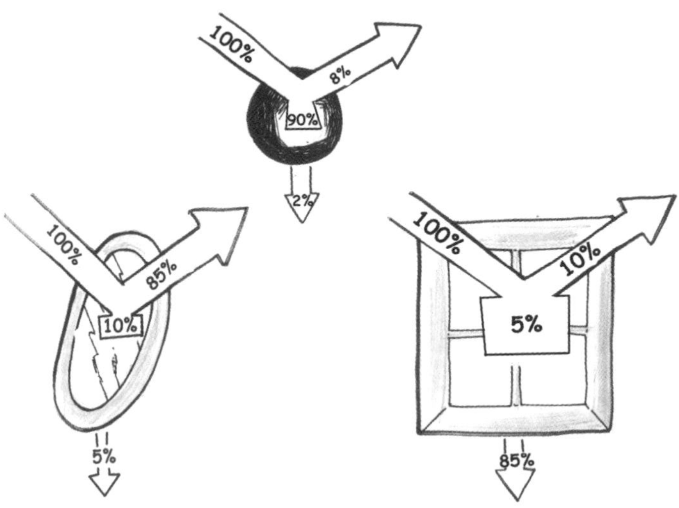

Nosotros no podemos ver la luz que absorben los objetos, y la luz transmitida tampoco está en el camino de nuestro ojo... lo que nosotros vemos es la parte que reflejándose en el objeto «transporta» información sobre él y alcanza nuestra retina.

Así que diremos que un objeto es «rojo» cuando refleje principalmente la luz roja, absorbiendo o transmitiendo los demás colores.

¿Cómo se forman los distintos colores? Los colores primarios-luz son el rojo, el verde y el azul. Siendo los demás combinaciones de estos tres en distintas proporciones. En particular el blanco es la combinación a partes iguales de los tres.

¿Qué has visto cuando has iluminado un objeto azul con luz rojiza? (si no tienes bombillas rojizas, la luz incandescente tiene bastantes tonos rojos) El resultado es que el color resulta apagado, oscuro, casi gris. ¿Por qué sucede esto?

El objeto es azul, y estará dispuesto a reflejar la luz de ese color pero, si en la iluminación no hay luz azul, ¡no reflejará casi luz! y, como es luz reflejada lo que en realidad vemos, pues ocurre que... no vemos.

En condiciones de baja iluminación, aunque la luz sea blanca (tenga los tres colores), el problema son nuestros detectores. Los conos, las células de la retina encargadas de darnos la información del color, no funcionan demasiado bien. Así veremos los objetos «grisáceos». Recuerda el refrán: «De noche todos los gatos son pardos».

La luz solar tampoco es siempre igual, prueba en distintos días, más o menos nublados, verano o invierno, etc. Se suele decir que la luz en África es especial y hace que los colores sean distintos... Ahora nos hacemos una idea de por qué.

Hemos visto cómo influye el tipo de luz que incide o el objeto (reflejando la luz de una manera particular), pero también nuestra visión puede verse afectada según el medio en que la luz viaje en su camino entre el objeto y nuestros ojos.

Al sumergir el objeto en agua y cambiar las propiedades de transparencia o de absorción del medio (al estar «manchada» con sustancias de distintos colores) transformamos la luz una vez más. Por ejemplo, si el objeto reflejaba luz azul y el nuevo medio absorbe algo de esa luz, el tono de azul disminuirá y con ello cambiará el color percibido.

También puedes observar esa influencia del medio si observas un objeto a través de aire caliente (cambia su densidad). Lo más fácil es hacerlo en verano, al mirar sobre la carretera vemos como si saliese humo, es simplemente aire caliente que se mueve hacia arriba porque es menos denso. Lo mismo ocurre con líquidos que se evaporan con facilidad. Al echar combustible al depósito del coche, se aprecia cerca de la boquilla esa distorsión de la imagen por los vapores de la gasolina, gasoil, etc.

Experimento ㉝

Te propondremos un experimento más. Necesitarás un objeto transparente, si puede ser una puerta con un cristal estupendo, si no podría valer un trozo de plástico transparente, como forro de libros. También necesitarás a otra persona y dos linternas. Si las linternas pueden regular su intensidad de luz, mejor y si no pues usaremos alguna tela medio transparente que pondremos delante del foco más o menos doblada para atenuar la luz.

Colocaos cada uno a un lado del cristal con una de las linternas y quedaos a oscuras. Si la persona A enciende su linterna y se ilumina su cara, B lo verá a través del medio transparente, pero A también se verá porque parte de la luz se reflejará en el «cristal» y volverá a sus ojos. Ahora B enciende su linterna y A la apaga y ocurre lo mismo. Si jugáis con la intensidad de la luz de las dos linternas y las encendéis a la vez, podéis conseguir ver a la vez las dos caras. A ve la cara de B porque una parte de la luz que viene de B atraviesa el «cristal» y llega a los ojos de A, pero A también ve su propia cara sobre la de la B porque una parte de la luz que viene de A se refleja en el «cristal» y llega a los ojos del propio A.

En conclusión: No vemos los objetos, vemos la luz. En la luz hay información sobre el objeto, pero hay que analizar cuidadosamente esa información si no queremos sacar conclusiones equivocadas sobre él.

GABRIEL Y LA INVISIBILIDAD

La tienda de Gabriel era otro de esos lugares mágicos lleno de artilugios y cachivaches misteriosos. Aunque, sin duda, lo más fascinante era el propio Gabriel.

Se sentaba detrás de un mostrador de madera, ya pasados los sesenta, canas aquí y allá y algunas arrugas acentuando su constante sonrisa y sus chispeantes ojos. Sus manos eran grandes y hábiles, capaces de arreglar motores o radios, inventar artefactos imposibles o tallar figuras de madera, mientras contemplaba la vida que pasaba al otro lado del escaparate.

Allí ocupado en sus cosas, con su jersey y sus vaqueros parecía tener la serenidad que deben dar los años, o la experiencia, o la sabiduría... o quizá todo eso junto. Otros chicos le tenían por un viejo aburrido y desconectado del mundo, desde luego sin el *glamour* de los cantantes y actores de moda. Para Max era alguien que llevaba bastante tiempo «por aquí» y parecía haber aprendido muchas cosas en el camino. La verdad es que, si te parabas a escucharle, resultaba curioso y divertido.

«¿Por qué no aprender de cada uno lo que podamos?», pensaba Max.

A Gabriel también le encantaban las visitas de Max, era una mente joven que bullía con la sed de saber, experimentar... vivir. Le gustaba contribuir con su parte a que floreciera. Era triste ver cómo otros jóvenes se apagaban y se convertían en los adultos grises que se apresuraban por la acera.

–¡Hola, Gabriel!

–¡Hola, muchacho! ¿Qué te trae por aquí?

–Pasaba por aquí... –realmente no era una excusa. Si no llevaba mucha prisa y estaba en su camino, Max hacía una visita a Gabriel simplemente por echar un vistazo o hablar con él.

Max curioseaba por los estantes mientras hablaban.

–¿Sabes lo que dicen algunos escépticos, Max?

–Que sólo creen lo que ven, ¿no? –volvió la cabeza para contestarle mientras acariciaba un viejo juguete de madera.

–Y, ¿qué pasa con lo que no ven? Acércate y siéntate.

Había algunos taburetes por la tienda, Max cogió uno y se sentó frente al mostrador. Gabriel sin decir nada despejó el mostrador y puso un vaso de cristal en el centro.

–Saca una moneda, muchacho.

Así lo hizo, extrañado pero como siempre intrigado y emocionado porque sabía que algo interesante iba a ocurrir.

–Ponla debajo del vaso, y no la pierdas de vista... si puedes.

Max cruzó los brazos los puso sobre el mostrador y con la barbilla apoyada sobre ellos miraba sin pestañear a la moneda a través de la cara lateral del vaso.

Gabriel tomó una jarra de agua y comenzó a llenar el vaso, la moneda seguía allí. Cuando el agua alcanzó cierto nivel dentro del vaso, la moneda simplemente desapareció. Los ojos de Max se abrieron aún más mientras se le escapaba un «¿eh?».

Gabriel sonrió.

–Ven, mira ahora desde arriba y verás que sigue ahí.

Así lo hizo y efectivamente, desde arriba podía verse la moneda, pero desde la cara lateral desaparecía.

–El agua «tuerce» la luz, querido amigo –Gabriel reía a la vez que metía y sacaba un lápiz del vaso, lápiz que se partía aparentemente al entrar al agua.

–¿No son verdaderas entonces las cosas que veo? –preguntó nuestro amigo, casi preocupado.

–Tú no ves las cosas, muchacho. La luz llega a los objetos, estos la absorben o la transmiten o la reflejan... o un poco de las tres cosas, incluso cambian muchas veces las propiedades de la luz –Max escuchaba con atención–. Esa luz cambia de nuevo a su paso por el aire, el agua o los medios que atraviese, llega a tu retina donde produce un impulso eléctrico que manda a tu cerebro y tu cerebro interpreta como puede esos impulsos generando una sensación que tú llamas vista... Como puedes ver hay muchos intermediaros entre las «cosas» y tú.

–Entonces, un cambio de medio o un impulso eléctrico distinto, ¿podrían hacerme ver cosas diferentes?

–Lo del cambio de medio lo acabas de experimentar tú mismo, lo del impulso eléctrico... ¿no te han dado alguna vez un golpe en un ojo y has visto «las estrellas»?

Max recordó aquel día que, jugando al fútbol, recibió un pelotazo en plena cara y desde luego entendió la expresión ver las estrellas. Tuvo sensaciones visuales como de destellos en el momento del golpe. Otras veces, recordó, si se apretaba un poco los ojos con las palmas de las manos también veía luces. Ahora entendía que con esos estímulos mecánicos se habían producido sensaciones ópticas, debido a que la retina había producido impulsos eléctricos.

–Entonces no vemos las cosas, tan sólo mi cerebro interpreta las corrientes eléctricas que le llegan por los nervios...

–No sólo eso, Max. Todos los sentidos funcionan igual, el tacto, el olfato... todos. En el fondo tu cerebro está encerrado en tu cráneo, bañado en líquidos y envuelto en membranas y la única información que le llega del exterior es a través de esos impulsos nerviosos. Por eso hay cosas del exterior que no conoces: la luz ultravioleta o infrarroja, no puedes ver el aire, sonidos muy agudos, y un interminable etcétera, amigo.

–Visto así, lo curioso es que no vayamos tropezando a cada paso... no parece que tengamos una idea muy exacta de lo que pasa alrededor.

–Dentro de ti también hay «sentidos», tu cerebro monitoriza tu presión sanguínea, la frecuencia cardíaca, el nivel de azúcar en sangre, etc. Toda esta información llega también por impulsos nerviosos y es manejada de manera inconsciente.

–Muy interesante Gabriel, de ahora en adelante desconfiaré de mis sentidos.

–No tanto que desconfíes... Es casi tu único contacto con el mundo, pero sí que filtres la información con tu inteligencia.

–Y, ¿cómo sabes tanto tú de esto, Gabriel?

–Ese es otro misterio que desvelaremos... otro día –dijo divertido.

Cogió una talla de madera que acababa de terminar y se la lanzó a Max. Tenía el tamaño de la palma de una mano, era un chico muy parecido a nuestro amigo, pero había además una figura que se apoyaba sobre su hombro, un pequeño ángel, que le susurraba algo al oído. La cara del niño era como si acabase de tener una idea estupenda.

–¡Es preciosa, muchas gracias Gabriel!

Salió de la tienda mirando su regalo, echó un vistazo a través del escaparate y vio como su amigo se reía y musitaba unas palabras hacia un lado... como en dirección a su hombro. «Imaginaciones mías… ya sabemos que no se puede fiar uno mucho de sus sentidos.»

Experimento:
Refraccción de la luz

Refracción de la luz

La visión y la percepción son algo fascinante. Nuestro cerebro se encuentra encerrado en nuestro cráneo y la única información que le llega es a través de impulsos eléctricos provenientes de los distintos órganos sensoriales tanto de los que toman datos del exterior; como la vista, o de los que toman datos del interior; como el control del latido cardíaco, etc.

En la conversación entre Max y Gabriel se explica con claridad cómo la información de los sentidos puede ser engañosa y debe pasar el filtro de la inteligencia al ser interpretada.

Lo primero que quiero que hagas es que reproduzcas el experimento de la moneda.

Experimento ㉞

Toma una moneda y ponla sobre la mesa.

Coloca un vaso de cristal sobre la moneda.

Observa la moneda a través de la cara lateral del vaso y comienza a echar agua.

Al pasar de cierto nivel, la moneda «desaparece».

¡Enhorabuena! Acabas de encontrar el secreto de la invisibilidad. Como la visión consiste en que la luz es reflejada/dispersada por los objetos y alcanza nuestros ojos trayendo información de estos, bastará con evitar que la luz pueda llegar a nuestros ojos para que no veamos el objeto.

El primer truco de invisibilidad sería... taparse los ojos. Vale, un poco cutre...

Supongo que preferís una capa o algo así... bueno ya se ha construido. Veamos cómo funciona:

Una persona se pone delante de mí, la luz es reflejada por ella y alcanza mis ojos, además no deja pasar la luz que viene de los objetos del fondo. Así que tengo dos problemas que solventar, eliminar la emisión de la persona y tapar «el agujero» que hace en el fondo.

Se ha fabricado una gabardina cuya tela es en realidad una pantalla muy delgada. Con unas cámaras se capta la imagen del fondo y se pone esta imagen sobre la gabardina. El observador ve en el lugar de la persona el trozo de fondo que ella está tapando... por lo tanto lo que ve es una imagen completa del fondo... ¡sin nadie!

Aunque el sistema no es perfecto es bien curioso de ver, te aconsejamos que busques en la red, hay vídeos mostrándolo.

En los últimos tiempos se analizan un tipo especial de materiales que situados alrededor de lo que se quiera ocultar, reconducen la luz que viene del fondo «curvándola» y «llevándola» hacia el observador que de nuevo no vería al obstáculo.

Dejamos a la imaginación del lector aplicaciones de estas cosas que no sean para hacer el mal...

Volviendo a la «misteriosa desaparición de la moneda», es curioso como los rayos de luz cambian su trayectoria al pasar de un medio a otro.

Experimento ㉟

Introduce un lápiz o una pajita en un vaso de agua y observarás que parece que está partido. Sobre todo si lo metes inclinado.

Experimento 36

Vamos a verlo ahora con un rayo de luz. Si tienes uno de esos pequeños punteros láser en casa sería ideal.

> *Antes de seguir, si tienes un láser debes usarlo con precaución. No te va a hacer un agujero en la mano, no es un «arma espacial». De lo que sí se trata es de luz muy concentrada, tienes que evitar recibir esa luz directamente o por un reflejo en el ojo, o «apuntar» a los ojos de otros. Podrías quemar tu retina y dejarte un punto ciego. Si alguien duda del poder de la luz concentrada, que tome una pequeña lupa y concentre la luz del Sol sobre un papel... Sí, ese humo que sale es porque se está quemando. No la armes tampoco con la lupa, eh...*

Si no dispones de láser podemos fabricarnos una fuente de *rayos de luz*.

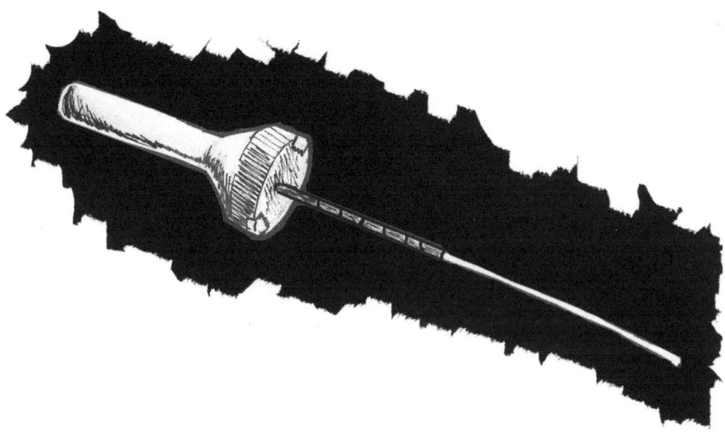

☞Toma una linterna pequeña. Con un círculo de cartulina o cartón que sea opaco tapa toda la linterna salvo un pequeño agujero en el centro (del tamaño de una pajita). Sujeta una pajita pegada a ese agujero y verás que obtenemos un aceptable rayo, aunque sigue abriéndose y nunca será tan bueno como el del láser, pero nos servirá. Como tenemos que hacer los experimentos a oscuras, también viene bien que envuelvas a la pajita con cinta adhesiva opaca.

A lo que íbamos. Un recipiente de agua y una fuente de luz. Si apuntas tu haz de luz sobre el agua verás que... bueno, no verás nada. Ya hemos dicho que sólo percibes la luz que alcanza tu ojo, y nuestro haz va hacia abajo así que no lo podemos ver.

Prueba a apuntar a una pared, no verás el haz de luz por el aire, sólo ves la luz que se refleja en la pared. Para ver el haz por el aire, necesitamos algo que lo disperse en el mismo aire, un poco de polvo valdrá. En las películas se utiliza un humo que no es tóxico y permite ver las trayectorias.

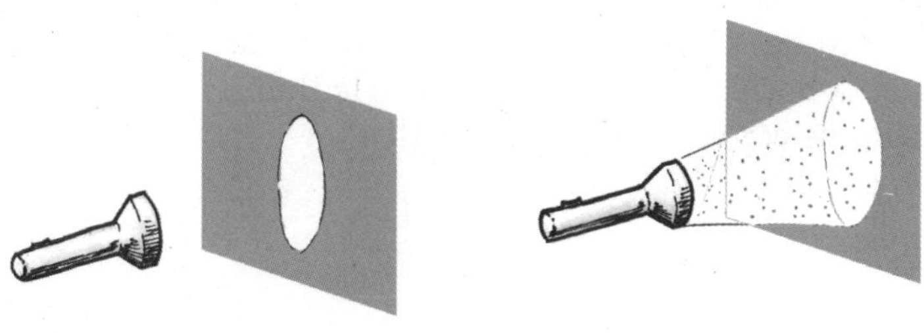

Volvamos al experimento. Para que salga bien, hace falta un recipiente que sea un poco grande, como un bol. Necesitamos que los rayos recorran algo de distancia dentro del agua para apreciar el cambio de dirección.

Una forma de conseguir ver los rayos en el agua es «mancharla» con partículas que sean suficientemente grandes como para dispersar la luz. No te preocupes, basta con algunas gotas de café o leche. Hay que ir echando poco a poco, si se te va la mano el medio se volverá poco transparente y no verás nada de nada. Ve echando unas gotas y remueve, prueba si se ve el rayo de luz, y si no, echa alguna gota más. Realmente hacen falta muy pocas gotas.

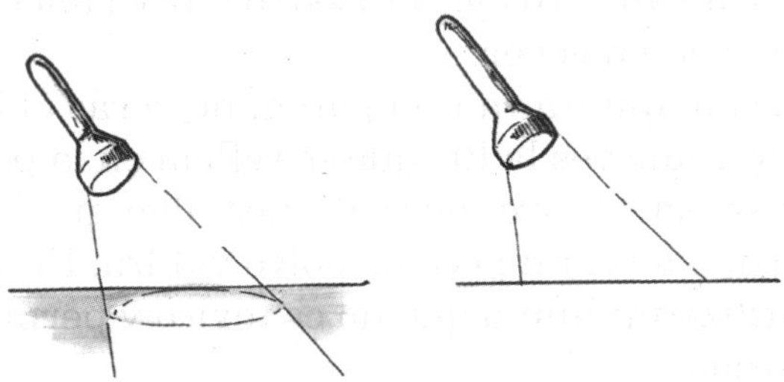

Ahora apunta tu haz de luz de nuevo sobre el agua. Si apuntas en vertical, perpendicular al agua, el rayo sigue su trayectoria sin problemas dentro del líquido. Ve inclinando poco a poco y observarás como el rayo se «tuerce» dentro del agua y su trayectoria es más «vertical» de lo que debería. A este fenómeno se le llama refracción de la luz y se conoce desde hace siglos.

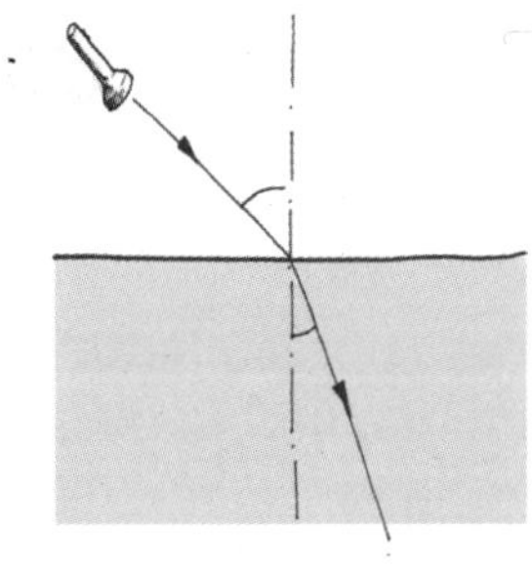

☞En la actualidad se ha aprovechado este efecto para construir lo que llamamos fibra óptica, algo que ha revolucionado la medicina y las comunicaciones.

Volvamos a pensar sobre el experimento que acabamos de hacer, la luz al pasar del aire al agua se «tuerce» hacia el interior. A las ecuaciones de la óptica no le importan en qué sentido va la luz, si entra al agua o si sale. Si hubiésemos puesto la luz dentro del agua (cosa que no podemos con nuestros medios) la trayectoria hubiese sido la misma, pero saliendo. De esta forma, cuando la luz pasa del agua al aire se «tuerce» un poco saliendo con un ángulo más bajo, una trayectoria más cercana a la superficie.

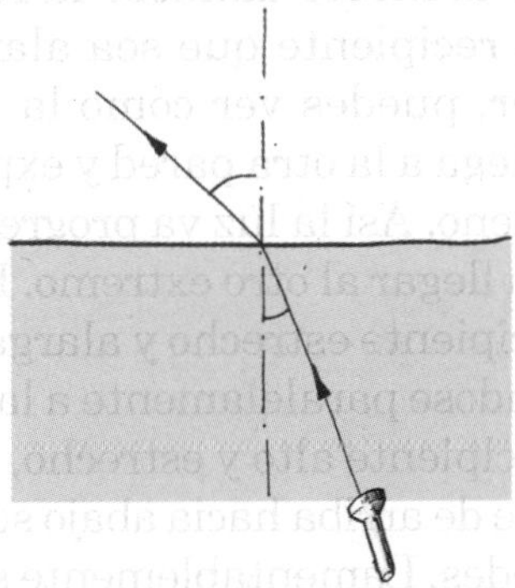

¿Qué ocurriría si el rayo fuese con un ángulo muy horizontal dentro del agua? Pasaría que al torcerse un poco más al intentar salir... No podría salir, volvería hacia el interior del agua. Este efecto se conoce como *reflexión total.*

Experimento ㊲

Necesitas de nuevo el recipiente de agua con «la gota» de leche y el mejor haz de luz que tengas, el láser o la linterna-pajita. Si para este experimento el recipiente tuviese las paredes planas saldría mejor.

Sube el recipiente encima de una caja o unos libros de manera que puedas apuntar con la luz de abajo hacia arriba. Apunta primero con un ángulo muy pronunciado (apuntando muy hacia arriba). Verás que hay una parte de luz que toca en la superficie y vuelve hacia dentro del agua. Busca con tu mano la otra parte de luz que sale hacia el aire, verás que no sale con el mismo ángulo que entró, sino mucho más bajo (ha sufrido refracción), sale casi rasante a la superficie, a pesar de lo alto que apuntaste.

Si vas reduciendo el ángulo verás que la luz refractada es cada vez más rasante, hasta que desaparece. A partir de ese ángulo (llamado ángulo crítico) la luz vuelve casi completamente al medio dándose la reflexión total.

Si tienes un recipiente que sea alargado y estrecho y el puntero láser, puedes ver cómo la luz que ha sufrido reflexión total llega a la otra pared y experimenta de nuevo el mismo fenómeno. Así la luz va progresando a lo largo del recipiente hasta llegar al otro extremo. Esto se puede hacer tanto con un recipiente estrecho y alargado haciendo que la luz vaya moviéndose paralelamente a la mesa en su zigzag; o bien con un recipiente alto y estrecho, haciendo que la luz vaya moviéndose de arriba hacia abajo sufriendo la reflexión total en las paredes. Lamentablemente si usas la tecnología de linterna-pajita no se observa porque la luz se dispersa mucho para ver el haz en las sucesivas reflexiones.

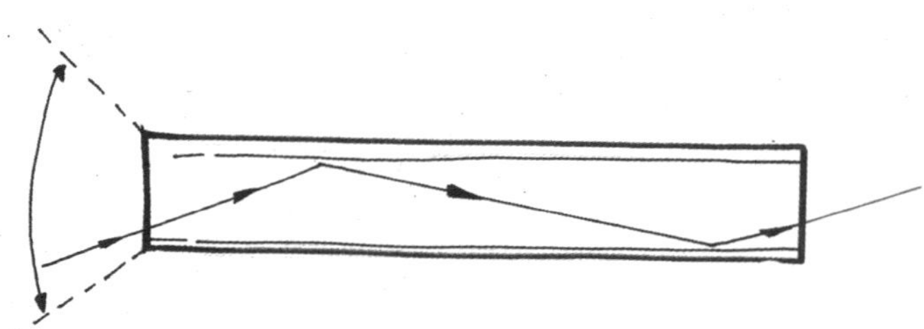

Como hemos visto, si un rayo circula por un recipiente de agua bastante paralelo a la superficie, irá rebotando de una cara a otra y «viajará» a lo largo del recipiente. Esta forma de conducción de la luz es la que aprovecha la fibra óptica. Se trata de un «hilo» (no un tubo hueco) de materiales plásticos. Se ilumina un extremo y los rayos van sufriendo reflexión total en las paredes saliendo por el otro extremo. ¿Cuál es la ventaja? Ya sabíamos mandar la luz en línea recta, sin usar nada especial. La gran ventaja es que se puede doblar y curvar la fibra y se sigue manteniendo la reflexión total de manera que introduces luz por un extremo de un tubo que hace curvas y da vueltas y sale por el otro... Esto sí que no lo sabíamos hacer.

En medicina se usa para ver el interior del cuerpo sin tener que abrirlo. Te practican un pequeño agujero (o usan uno de los que ya tienes...) y te introducen un tubo en el que va una pequeña luz y la fibra óptica. La luz ilumina el tejido del que se trate, se refleja, entra por ese extremo de la fibra óptica y sale por el otro, por donde podemos mirar. Las imágenes que vemos en documentales del interior del intestino, el corazón, las arterias, etc. han sido obtenidas con esta técnica. Se usa también para operar, por el mismo agujero o por otro te introducen mini-herramientas, y con la fibra óptica pueden ver lo que van haciendo. Operaciones que necesitaban cortar muchos tejidos hasta llegar donde se quería, que dejaban enormes cicatrices, ahora se resuelven con dos agujeritos y mucho menos daño.

En el campo de las comunicaciones la gran ventaja es que la cantidad de información que se puede transmitir usando la luz es enorme sin que haya interferencias. Tenemos como se suele decir un gran ancho de banda.

Experimento 38

Construyamos nuestra particular fibra óptica... pero en vez de plástico usaremos... ¡agua!

Necesitas una botella transparente de refrescos o agua mineral. Envuélvela completamente en papel de aluminio, salvo el tapón y la base. Llena la botella de agua.

Necesitamos también una linterna que nos dé buena luz, usa la más potente que tengas.

Ahora queremos que la luz entre en la botella desde la base, así que enciende la linterna ponla contra la base y sujétala ahí firmemente.

Este experimento lo haremos en el cuarto de baño, para no mojar mucho.

Apaga la luz, ponte al lado de la bañera e inclina la botella. Verás que hay una parte de luz que sale por la boca de la botella horizontalmente... esa no nos interesa, si puedes tapa un poco esa luz para ver lo que está pasando en el fondo de la bañera.

En el fondo de la bañera, justo donde el chorro cae, se ve un círculo de luz. La luz ha sido conducida a través del agua por reflexión total. Fíjate que el chorro no es recto, ¡hemos conseguido que la luz viaje haciendo una curva! ¡Hemos fabricado una fibra óptica de agua líquida!

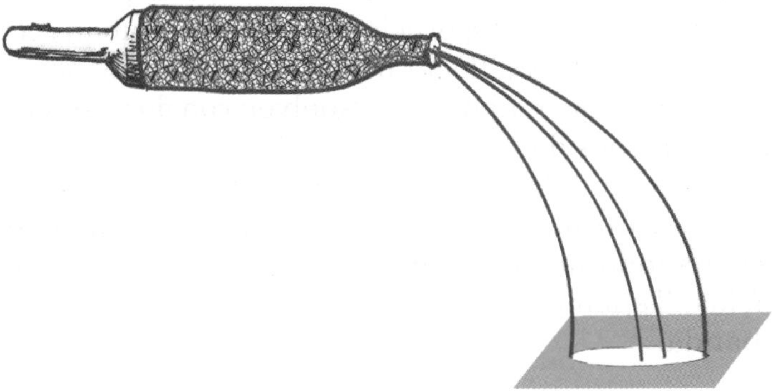

Experimento 39

Si dispones de un tubo macizo y grueso de plástico transparente, o bien de hilos finos puedes usarlo directamente como una fibra óptica.

Primero pon la luz en un lado y verás que en el otro extremo del tubo o los hilos aparece como un círculo brillante, funciona.

Este ya es para nota... En una caja de zapatos guarda algunos objetos y mete una linterna encencida. Haz un agujero pequeño, para poder meter el tubo de plástico. Sin dificultad verás de nuevo el extremo como un círculo brillante, pero si tienes mucha suerte con tu tubo y miras con atención al extremo del tubo quizá veas lo que hay dentro de la caja. Si es así, ve moviendo la fibra para ver todo el interior. ¡Enhorabuena, has realizado tu primera endoscopia!

En el caso de que tengas muchas fibras finas, puedes formar un manojo con ellas e intentarlo... no te damos garantías de éxito.

¿QUÉ ES LA CIENCIA?

Ya estaba anocheciendo al salir de la tienda de Gabriel. Era un momento que le producía muchas sensaciones, unas veces tristes, un día que acaba; otras veces se sentía fuerte, la noche comenzaba y ahí estaba él dispuesto a encarar el mundo. Pero siempre era bonito contemplar los colores del cielo, y no pocas buenas ideas se le habían ocurrido bañadas en esos tonos rojos, naranjas y púrpuras.

–La lechuza de Minerva vuela al atardecer... –dijo para sí recordando una bella imagen sobre la clásica diosa de la sabiduría.

La conversación con Gabriel le había despertado en cierta forma, ahora se sentía alerta, analizando sus sensaciones y sus propios pensamientos. Había dirigido su atención hacia el propio proceso de pensar y percibir. La realidad, que antes le parecía inmediata, que podía tocarla, verla o saborearla; ahora se le antojaba lejana e inalcanzable.

«Pero la ciencia me explica la realidad» –pensaba, aunque en ese momento recordó aquello que decía un querido profesor de naturales: «No todo lo real es objeto de la ciencia».

Hizo un esfuerzo por recordar...

–Sí, eso era, hay cosas bien reales, como el cariño o la belleza que al no ser expresables matemáticamente, no son medibles y por tanto... no son objeto de la ciencia. Pero desde luego son reales, a ver quién se atreve a decir que no quiero a mi madre.

–Así que la realidad será lo que sea... Yo percibo una parte, imperfectamente, y la ciencia ni siquiera podrá explicarme esa parte por completo.

–La ciencia se ocupa de aquello que es medible, objetivo, dependiente de la medida y no del observador.

–Para esto hay que diseñar procedimientos de medida, digamos «recetas» que cualquiera pueda repetir y que arrojen el mismo resultado.

Incluso para los que le conocían, no era una sorpresa verle andar con la mirada fija en el suelo, o en el cielo y con el pensamiento errante.

–Por lo tanto, si alguien obtuviese un resultado, por espectacular que fuese, que no pudiese ser reproducido, la comunidad científica no lo incluiría como un hecho científico. ¡Vaya, sí que se hacen los duros!

Como los antiguos burros que repartían leche e iban repitiendo el camino y las paradas sin necesidad de darles órdenes, así Max (salvando las distancias...) iba encontrando el camino hacia su casa, parando en los semáforos, evitando los socavones de las obras, mientras seguía enfrascado en sus pensamientos.

–Es cierto que así la ciencia avanza despacio, pero sin duda esto la hace mucho más segura... Creo que así nos evitamos a una legión de charlatanes y timadores. La pena es que los pioneros se llevan también unos cuantos palos antes de que sus descubrimientos se puedan establecer como hechos científicos; reproducibles e independientes del observador.

La noche iba cayendo sobre la ciudad y más que lechuzas eran los murciélagos los que tomaban el cielo.

–Pero todo este proceso me deja solo con una colección de hechos, ¿cómo se establecen las teorías científicas?

Max tenía un profesor que era algo peculiar, no escatimaba ocasiones para olvidarse temporalmente del libro y entrar en discusiones sobre la naturaleza de las cosas, filosofía o cualquier cosa que le consultaran. Sin duda muchas veces le preguntaban por «perder clase», pero también es cierto que acaban frecuentemente escuchando e interviniendo con interés.

–Creo que eso era lo de la «navaja de Ockham»... A ver si me acuerdo, si eso es: «La teoría más sencilla será probablemente la correcta».

–Aplicando esto... Es un hecho científico que me ha desaparecido un paquete de chicles del cuarto. Teorías compatibles con los hechos: Primera, Andrés lo ha cogido (ya lo ha hecho otras veces). Segunda, un ladrón de chicles ha entrado en la casa y ha tomado el único objeto de su interés, un paquete de mentolados. Tercera, una distorsión del espacio-tiempo ha hecho que el chicle desaparezca de mi realidad y ahora le alegra la tarde a un neardental. También podría componer alguna teoría sobre el monstruo de los chicles..., en fin creo que son suficientes.

A veces sucedía que se quedaba de pie parado pensando delante de un escaparate y que algún trabajador de la tienda le «ponía caras»... pero no hacía daño a nadie.

–Sin duda la teoría más sencilla, más económica en elementos es la que involucra a Andrés... por otra parte no tengo evidencia experimental ni de que haya habido una distorsión en el espacio-tiempo, ni de que nadie haya entrado en la casa... Por lo tanto, ¿debo concluir que me los ha pillao' Andrés?, ¿sería suficiente para condenarlo en un tribunal?

–Creo que aquí es donde entra la palabra «probablemente». Es la explicación más probable, pero no tengo una certeza experimental de que la teoría sea cierta, mi certeza experimental es sobre los hechos…

El mismo Max se sorprendía de sus conclusiones.

–Resumiendo… la realidad es enorme, me consta que hay elementos que no puedo medir, como la belleza o el amor, construyo varias teorías que no contradigan los hechos científicos conocidos (reproducibles y objetivos), y elijo la más sencilla como la *probablemente* más correcta… Pues vaya…

La noche se hacía más negra, y Max se hizo una pregunta aún más dura...

–¿Por qué me ha cogido los chicles Andrés? No puedo contestar a eso… ni analizando las huellas dactilares, las pelusas… eso sólo me explicaría *cómo* lo ha hecho, pero no qué razones le han movido a hacerlo… la ciencia no contesta *por qués*... –casi con tristeza siguió su razonamiento–. La ley de la gravedad me dice *cómo* se atraen los cuerpos, pero no *por qué*, ¿qué razón hay para que se atraigan y no se repelan?, ¿o para que lo hagan con más o menos intensidad?, ¿o para que la velocidad de la luz valga casi 300.000 km/s y no un poco más o un poco menos?...

Max se sentía descorazonado, la ciencia que tanto amaba le había decepcionado. Se sentó en un banco y miró al cielo lleno de estrellas y a la gente que buscaba su camino en la noche. Reconoció las constelaciones que tanto le gustaban, sus estrellas favoritas, como queriendo recuperar aquello que acababa de perder. Luego miró a la gente, las farolas, los edificios, los coches que pasaban, una viejita que andaba despacio de vuelta a su casa.

–Bueno, después de todo –pensó–, hemos aprendido a hacer ciertos «trucos»: La luz eléctrica, los transportes, la arquitectura... Esa viejita habría muerto cuarenta años atrás sin la medicina.

Recuperó su alegría, realmente la ciencia no le había decepcionado, era su falsa imagen de la ciencia, como un dios que todo lo contesta, la que se había desmoronado. La ciencia fue siempre ella misma con sus virtudes y su alcance, una manera de intentar entender cómo funciona y controlar en parte la porción del mundo que podemos experimentar y medir, nada más... y nada menos.

Se levantó y sacó de su mochila los libros que había conseguido en la biblioteca. En ellos podían leerse nombres como: Platón, Descartes, Jesús y Buda; o términos como filosofía, dios, ideas, alma, sentimientos, meditación... Se sonrió, la elección que había hecho era mejor aún de lo que pensaba.

–Está claro que si quiero entender el mundo, cómo funciona y por qué, o cómo funciona mi cuerpo, pero también qué soy yo o qué estoy haciendo aquí, hace falta la ciencia, pero necesito algo más.

Se fue hojeando los libros mientras andaba como tantas veces hacía, con riesgo para su salud, pero con una sonrisa en los labios.

–¡Ajá! –se dijo–, esto me gusta, «experiencias espirituales», desde luego si hay algún *por qué* digno de ser entendido o una realidad más allá de lo medible, tendré que experimentar ese conocimiento racional o esa experiencia por mí mismo... Je, je –rió–, de alguna manera sigue siendo en cierta forma «científico». A ver... bla, bla... «meditación»... bla, bla, «la luz de la razón»... bla, bla...

Max paró un momento, mandó un mensaje al móvil de su madre; le decía: «Mamá te quiero, aunque no sepa por qué». A Andrés le mandó otro, decía lo mismo, pero añadía una línea en la que le pedía la devolución inmediata de sus chicles. Mandó otro a su padre y algunos más a

Tomás, Gabriel y tanta gente que compartía su tiempo, inquietudes y cariño. Después siguió su camino a casa.

–Hoy ha sido un día genial –dijo, y notó cierta conexión con el mundo, como si todos los átomos del Universo se hubiesen puesto de acuerdo para conducirle a las situaciones que le hicieran entender todo lo que había aprendido hoy.

–Creo que hoy ha sido el día más importante de mi vida, pero creo que mañana también será el día más importante de mi vida, porque será el que viva... y todas las piezas estarán dispuestas y todo estará preparado... y si ando con los ojos bien abiertos, seguro que encontraré mil respuestas y mil amigos y mil caminos que andar... Hoy más que nunca soy un buscador, incansable al desaliento, no me bastan las explicaciones superficiales que... ¡Uy! –acababa de pararse justo enfrente de la puerta del portal de su casa–. Hmmm... bueno aquí no tengo que buscar más... ya he encontrado la puerta. ¡Otro gran hallazgo!, desde luego soy un gran descubridor.

Experimento:
La naturaleza de la ciencia

La naturaleza de la ciencia

El texto de Max creo que lo cuenta con bastante detalle, aún así lo resumiremos esquemáticamente.

La realidad es algo que... bueno, sinceramente no conocemos toda la realidad.

> ☞*Haciendo un paréntesis... podría decirse que es imposible por lo tanto ser realista, ya que sería conocer lo que es la realidad y tener opiniones acordes con ella, mucho decir para una persona corriente.*

Hay cosas reales que además cumplen alguna condición más, ser independientes del observador (objetivas) y reproducibles. Así que se puede confeccionar una «receta», reproducir el experimento y que a todos nos salga lo mismo. Estos son los hechos científicos.

Tenemos pues un conjunto de hechos (1, 2, 3...).

Ahora nos estrujamos el coco y buscamos teorías que sean compatibles (consistentes) con todos los hechos científicos conocidos, si es posible.

Tenemos pues también un conjunto de teorías (A, B, C...)

Si alguna teoría es incompleta; no explica todos los hechos, será descartada frente a otras que los expliquen todos.

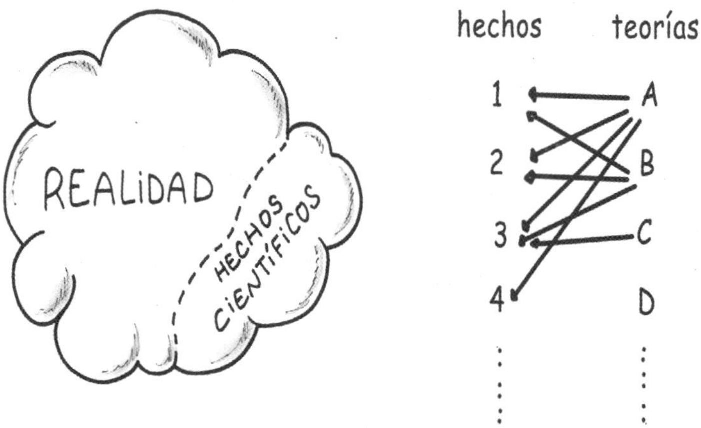

¿Cómo elegir entre el grupo de teorías que explican todos los hechos?

Guillermo de Ockham propuso un principio que es conocido como «la navaja de Ockham»: La teoría más sencilla será *probablemente* la correcta.

Esto también es un principio de economía. Se busca una teoría que sea poco compleja y carezca de elementos superfluos, de los que no se tenga evidencia experimental.

Finalmente es obligado decir que las teorías explican CÓMO suceden los hechos que ocurren, no POR QUÉ lo hacen. La ciencia no explica por qué las constantes universales tienen los valores que tienen, por qué las masas se atraen y no se repelen, o cuál es la razón última de que sucedan las cosas que pasan.

El ánimo de la ciencia es predecir y con ello controlar en alguna medida, si fuera posible «lo que ocurre».

Esto no es malo, es simplemente así. Hemos aparecido aquí en el mundo sin «libro de instrucciones» y hacemos lo que podemos. Por otro lado, tampoco está tan mal, mira todo lo que hemos avanzado: hemos duplicado la esperanza de vida, comprendido muchas cosas y conseguido más libertad, aunque tristemente solo para algunos. Esperamos que con el tiempo estas ventajas se extiendan a todos.

Es claro que hay un montón de cosas que quedan fuera del ámbito de la ciencia; todo aquello que no son hechos científicos, por suerte o desgracia, algunas de las preguntas que nos hacemos desde las cavernas: ¿Quiénes somos? ¿De dónde venimos y a dónde vamos? ¿Cuál es el propósito de la vida?, etc., que además son muy importantes, quizá las más importantes.

Experimento (40)

El último experimento consiste en vivir de manera completa. Busca el conocimiento científico, comprende cómo funciona el mundo, pero no te quedes ahí. Para buscar las respuestas a esas preguntas tan fundamentales hay que ir a la filosofía y la religión. Hay mucho conocimiento y muchas experiencias en estos campos a lo largo de miles de años y en muchas culturas distintas.

Es importante que mantengas el espíritu científico que hemos aprendido también en este nuevo campo. Aquello que encuentres debe hacerte más libre y más feliz, no encadenarte a ritos vacíos o supersticiones. Toda la historia de la espiritualidad nos dice que este es un camino que se anda en el interior de cada persona mediante sus propias experiencias, siendo pues, en cierta forma, experimental y «científico». Estrictamente no lo es, ya que estas vivencias son, por su propia naturaleza, subjetivas, personales. Pero recuerda que subjetivo no quiere decir falso, ni objetivo, verdadero. Tus experiencias interiores podrán ser entonces verdaderas aunque no puedan ser reproducibles por cualquiera en cualquier momento.

Una cierta observación «científica» del entorno en este campo también es importante. Fíjate que en el mundo conviven personas de las más variadas edades y condiciones. Si todos tuviésemos la edad de Max, no sabríamos qué pasa cuando tienes un hijo, o cómo es envejecer... pero, estamos de enhorabuena. Somos miles de millones de personas vivas más otro montón que ya murieron. Si te planteas cómo sería la vida haciendo tal o cual cosa, seguro que hay alguien que lo está haciendo o lo ha hecho, así que puedes saber con cierta aproximación cómo te van a ir las cosas si sigues por ese camino.

Es, por lo tanto, posible moverse por este mundo tan complejo y plagado de charlatanes y supersticiones con cierta actitud «científica».

Tenemos el fin claro: felicidad, libertad, evolución personal y global.

Los medios: observación, evaluación racional y experimentación de las propias vivencias espirituales.

La ciencia es maravillosa y casi mágica, pero es sólo una parte de la vida. También es estupendo practicar deporte, pero no puede ser lo único que hagamos. Si quieres disfrutar de una vida completa deberás cultivar también el arte (lee, escribe, pinta, baila...), la filosofía (lee a los clásicos, habla con otros, piensa, piensa, piensa...), y la espiritualidad (busca dentro de ti, qué sientes, que crees, escucha a otros y valora lo que te cuentan, afina tu percepción, medita...).

Aquí me despido, ha sido un placer acompañarte en estos pasos dentro del mundo de la ciencia. No nos olvides ni a Max ni a mí, pero no te preocupes, aquí te esperaremos. Ahora sal, la vida te aguarda ahí fuera repleta de sorpresas increíbles.

ÍNDICE DE EXPERIMENTOS Y SECCIONES

Este libro se terminó
de imprimir en febrero de 2008